全国土壤污染状况详查技术与方法系列丛书

全国土壤污染状况详查质量保证与质量控制

生态环境部土壤生态环境司
全国土壤污染状况详查工作办公室
编著

中国环境出版集团 · 北京

图书在版编目（CIP）数据

全国土壤污染状况详查质量保证与质量控制/生态环境部土壤生态环境司，全国土壤污染状况详查工作办公室编著.—北京：中国环境出版集团，2023.10（2024.9 重印）

（全国土壤污染状况详查技术与方法系列丛书）

ISBN 978-7-5111-5588-7

Ⅰ. ①全… Ⅱ. ①生…②全… Ⅲ. ①土壤污染—调查—质量管理—中国 Ⅳ. ①X53

中国国家版本馆 CIP 数据核字（2023）第 157896 号

扫码获取本书视频资源

责任编辑 曹 玮
封面设计 彭 杉

出版发行 中国环境出版集团
（100062 北京市东城区广渠门内大街 16 号）
网 址：http://www.cesp.com.cn
电子邮箱：bjgl@cesp.com.cn
联系电话：010-67112765（编辑管理部）
发行热线：010-67125803，010-67113405（传真）

印 刷 玖龙（天津）印刷有限公司
经 销 各地新华书店
版 次 2023 年 10 月第 1 版
印 次 2024 年 9 月第 2 次印刷
开 本 787×1092 1/16
印 张 13.25
字 数 265 千字
定 价 118.00 元

全国土壤污染状况详查技术与方法系列丛书

编 委 会

《全国土壤污染状况详查质量保证与质量控制》

编著者及参编单位名单

主要编著者：吴忠祥　黄业茹　夏　新　林玉锁　张翼翔　周　丽
杜　兵　谢云峰　杜祯宇　王苏明　倪润祥　赵晓军

编著者成员（按姓氏笔画排序）：

丁文娟　方婷婷　王　永　王　维　王　磊　王苏明
王国庆　田　文　田志仁　孙在金　师华定　朱玮玮
朱超飞　吴忠祥　吴泽赢　张国忠　张翼翔　李名升
李宗超　李奕杰　杜　兵　杜祯宇　狄一安　杨　宾
杨　楠　杨文龙　杨勇杰　周　丽　周笑白　林玉锁
郑顺安　姜晓旭　封　雪　胡大鹏　赵晓军　倪润祥
倪鹏程　夏　新　黄　伟　黄业茹　蒋　晶　谢云峰
熊文成　樊飞跃

参编单位：

国家环境分析测试中心
中国环境监测总站
生态环境部土壤与农业农村生态环境监管技术中心
生态环境部环境发展中心
生态环境部南京环境科学研究所
中国环境科学研究院
生态环境部卫星环境应用中心
生态环境部对外合作与交流中心
农业农村部农业生态与资源保护总站
中国地质调查局国家地质实验室测试中心

序

土壤是生命赖以生存的重要基础。作为地球上最具多样性的栖息地和主要碳库，健康的土壤对粮食生产、宜居的环境、清洁和充足的供水以及稳定的气候至关重要。科学、合理地开发、利用、改造、保护土地，正确处理人与土地的关系，并在利用土地、获得土地产品的过程中，实现土地的可持续利用和人类自身的可持续发展，一直是我国生态环境系统的重要职责。

党的十八大以来，以习近平同志为核心的党中央以前所未有的力度推动生态文明建设，美丽中国建设迈出重大步伐，我国生态环境保护发生历史性、转折性、全局性变化。2016 年，国家发布实施《土壤污染防治行动计划》，明确的第一项任务便是开展全国土壤污染状况详查（以下简称土壤详查）；2019 年，国家施行《中华人民共和国土壤污染防治法》。这一系列重大战略措施对我国土壤的保护、风险管控、治理修复起到了非常重要的作用。

土壤详查是目前国内外开展的覆盖面较广、系统性较强、工作量巨大、质量管理严格、工作程度较深、各部门合作密切的土壤环境调查工作之一，广大详查参与人员创新思路、扎实苦干，克服时间紧、技术基础弱、质量管理挑战大、新冠疫情影响突出等诸多困难，如期高质量完成了任务，其工作成果夯实了土壤环境管理基础，提升了土壤生态环境管理水平，为管控土壤环境风险发挥了重要支撑作用，也为全国土壤监测网络的设计与建设提供了重要参考，还可为将来土壤环境质量标准的制修订提供科学依据。

为了应对工作过程中面临的诸多挑战，本次土壤详查加强顶层设计，形成了严密的组织体系和高效的工作推进模式；制定了科学合理的技术路线；充分利用智能终端、地理信息系统、物联网和卫星遥感、现代分析测试等先进技术手段，提升了工作效率；创新建立了土壤环境调查全过程质量管理体系和质量控制技术与方法，真正实现了对调查全过程独立质量控制，为开展全国性土壤调查积累了宝贵的经验。为了科学总结土壤详查技术方法与工作经验，生态环境部土壤生态环境司、全国土壤污染状况详查工作办公室组织编写了“全国土壤污染状况详查技术与方法系列丛书”（以下简称丛书）。

丛书针对土壤详查中不同任务的工作特点，共分为《全国农用地土壤污染状况详查技术与方法》《全国重点行业企业用地土壤污染状况调查技术与方法》《全国土壤污染状况详查质量保证与质量控制》3个分册，在编写上既考虑了专业技术人员的需要，又考虑了普通读者的需求，并辅以实际案例对组织与技术内容进行解释说明，增强了可读性，使丛书成为技术人员和管理人员可以按图索骥、解决实际问题的常备工具书。

作为全国土壤污染状况详查工作专家咨询委员会主任，本人密切参与并跟踪土壤详查工作的顶层设计、组织实施、数据分析与成果集成，充分体会到土壤详查工作顶层设计科学严谨、组织实施严密细致，获得的成果科学、翔实、可靠，为全国土壤污染防治工作的开展奠定了坚实基础。将土壤详查的主要成果体现在一套丛书之中，是广大参与土壤详查工作人员集体智慧的结晶，是一件非常有意义的事。希望丛书能够对土壤生态环境保护工作者、关心和支持土壤生态环境保护工作的社会各界读者有所借鉴，并为今后开展同类调查或其他相关调查工作提供参考。让我们共同努力，为践行习近平生态文明思想、实现美丽中国建设目标而不懈奋斗！

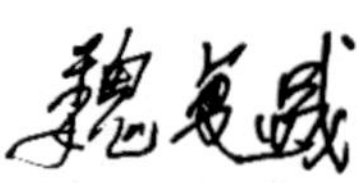

2023年7月

序

万物土中生。土壤是经济社会可持续发展的物质基础，支撑着人类的繁衍和国家的发展，良好的土壤环境关系到人民群众的身体健康、生态环境安全和美丽中国建设。党和国家高度重视土壤生态环境保护和土壤污染风险管控。2000 年以来，生态环境、自然资源、农业农村等相关部门相继开展了全国性的土壤污染状况、土壤地球化学状况、农产品产地土壤重金属污染状况等调查，掌握了我国土壤环境质量变化和土壤污染的基本情况，积累了大量第一手调查数据。2012 年，党的十八大吹响了向环境污染宣战的号角，提出坚决打好污染防治攻坚战的总要求。为深入打好净土保卫战，科学精准管控土壤污染风险，2016 年 5 月，国务院发布《土壤污染防治行动计划》，其中首要任务就是要在以往土壤环境调查基础上，进一步查清农用地土壤污染面积、分布及其对农产品质量的影响，掌握重点行业企业用地土壤污染风险情况，为农用地土壤环境质量分类管控和建设用地准入管理提供科学支撑。

为此，2017—2021 年，生态环境、自然资源、农业农村等部门联合组织开展了全国土壤污染状况详查（以下简称土壤详查），整合各自领域优势学科资源，集中行业专业技术力量，调动了国家和地方几百支/个专业队伍、科研机构和第三方检测实验室的数万人参加，是我国土壤环境领域历史上一次空前的“大会战”，各部门、各单位密切配合，团结协作，真正实现了“五统一”（统一调查方案、统一实验室筛选要求、统一评价标准、统一质量控制、统一调查时限）。本次土壤详查克服了时间紧、任务重、要求高、工作量大以及新冠疫情影响等困难和挑战，圆满完成了土壤详查的目标任务，确保调查数据“真、准、全”，交出了一份满意的答卷。

本次土壤详查有许多方面值得总结，除项目组织管理、条件保障等工作做得好之外，离不开土壤详查总体方案的顶层设计、调查技术路线与方法等方面的创新与实践。“全国土壤污染状况详查技术与方法系列丛书”（以下简称丛书）系统总结了土壤详查的技术与方法，由3个分册组成，分别为《全国农用地土壤污染状况详查技术与方法》《全国重点行业企业用地土壤污染状况调查技术与方法》《全国土壤污染状况详查质量保证与质量控制》。丛书内容全面、系统，图文并茂，可读性强，全方位展示了我国土壤环境调查专业技术人员的智慧和经验。相信丛书的出版，一定会在国内外产生积极的影响，对促进土壤环境领域调查技术方法进步、提升调查工作水平，具有很强的实际指导意义。希望丛书能够对土壤生态环境保护工作者、关心和支持土壤生态环境保护工作的社会各界读者有所帮助，为今后开展同类调查或其他相关调查提供借鉴和参考。

蔡道基

2023年7月

前言

全国土壤污染状况详查（以下简称土壤详查）是一次重大的基础国情调查，也是目前国内外开展的覆盖范围最广的调查活动之一，是多部门团结协作并取得高质量成果的典范工程。2016 年 12 月，经国务院批准，环境保护部、财政部、国土资源部、农业部、国家卫生计生委联合印发实施《全国土壤污染状况详查总体方案》，全面部署土壤详查工作，包括农用地土壤污染状况详查（以下简称农用地详查）和重点行业企业用地土壤污染状况调查（以下简称企业用地调查）两方面。在各地方、各部门的精心组织和密切配合下，广大详查人员历时 4 年，圆满完成土壤详查工作各项任务，取得了丰硕的成果。

本次土壤详查工作探索形成了一整套覆盖调查全过程的技术体系、方法和组织管理模式，在点位布设、采样调查、分析测试、综合评价、成果集成和信息技术应用等方面统一规范，制定了系列技术规定和操作指南。采用了多源数据融合科学确定调查范围和对象，通过重点采样和分层抽样方法，确保了有限条件下调查的科学性和有效性；全过程按照统一调查方案、统一实验室筛选要求、统一评价标准、统一质量控制、统一调查时限的"五统一"原则，建立了完备的质量管理体系，确保了数据的真实性和可靠性。本次土壤详查超过 3 万人参与，进一步提升了我国土壤环境调查的专业化技术能力和水平，为今后开展全国土壤污染状况调查等工作积累了宝贵经验。

土壤详查成果在支撑中央宏观决策和战略规划制定、《中华人民共和国土壤污染防治法》贯彻实施、《土壤污染防治行动计划》目标任务落实等方面发挥了积极作用，夯实了土壤环境管理基础，提升了土壤生态环境管理水平。"十四五"时期是我国开启全面建设社会主义现代化国家新征程、向第二个百年奋斗目标进军、积极推进美丽中国建设的第一个五年，我们希望充分发挥土壤详查成果的基础性作用，贯彻习近平生态文明思想，深入打好净土保卫战，为落实精准治污、科学治污、依法治污要求提供重要支撑，为全面建设社会主义现代化国家、全面推进中华民族伟大复兴做出新的更大贡献。为此，生态环境部土壤生态环境司、全国土壤污染状况详查工作办公室组织编写了“全国土壤污染状况详查技术与方法系列丛书”（以下简称丛书），包括《全国农用地土壤污染状况详查技术与方法》《全国重点行业企业用地土壤污染状况调查技术与方法》《全国土壤污染状况详查质量保证与质量控制》3 个分册。丛书系统、全面、准确总结了农用地和企业用地土壤环境调查方法以及质量保证与质量控制技术方法，希望能够对土壤生态环境保护工作者、关心和支持土壤生态环境保护工作的社会各界读者有所借鉴，为今后开展同类调查或其他相关调查工作提供重要参考。

土壤详查是落实党中央和国务院部署的重要工作，得到了生态环境部、财政部、自然资源部、农业农村部、国家卫健委以及各省（区、市）人民政府和新疆生产建设兵团有关领导、有关部门负责同志的大力支持。在工作过程中，国家级及省级的生态环境、自然资源、农业农村等部门的有关技术单位，中国科学院南京土壤研究所、地理科学与资源研究所、生态环境研究中心、沈阳应用生态研究所等相关科研院所，以及清华大学、浙江大学、中国地质大学、南方科技大学、南京农业大学、北京大学、成都理工大学、贵州大学等高校的专家学者和技术人员深度参与、精诚协作，为顺利完成土壤详查工作做出了重要贡献。特别感谢魏复盛、蔡道基、陶澍、朱利中、朱永官、周成虎、孙九林、毛景文等院士，以及王水、王亚平、王英英、王衍亮、田西昭、史舟、代杰瑞、兰希平、朱焰、刘飞、刘伟、刘国、刘毅、李广贺、李玉浸、李发生、李国刚、杨忠芳、吴天生、吴爱民、吴攀、谷庆宝、宋云、张天柱、张甘霖、张古斌、张秀芝、张建辉、张榆霞、陈梦舫、陈蓓、赵方杰、郝爱兵、荆继红、胡冠九、胡清、钟重、侯德义、姜林、骆永明、夏天翔、夏学奇、顾铁新、奚小环、高尚宾、郭书海、黄宏坤、黄明祥、黄标、龚宇阳、蒋新、雷梅（按姓氏笔画排序）等专家在土壤详查工作开展过程中强有力的技术指导与支持；感谢各级各部门领导对土壤详查工作的支持，感谢全体参与土壤详查工作的技术人员、管理者的辛勤付出。参加本丛书编写的各位编著者，都深度参与了土壤详查工作，他们在此基础上对详查工作的技术方法进行了系统科学的凝练总结，向他们表示诚挚的感谢！

自土壤详查工作启动至丛书出版，历时 7 年多时间，相关资料、技术方法在整理过程中会有不尽如人意之处，敬请读者谅解指正。

丛书主编　苏克敬

2023 年 7 月

目 录

第1章　概　述

实施统一和高效的质量管理是项目取得高质量成果的重要保障。全国土壤污染状况详查（以下简称土壤详查）质量保证与质量控制工作以全面质量管理理念为基础，充分借鉴国内外土壤环境调查质量保证与质量控制的组织管理经验与技术手段，结合土壤详查工作特点及项目质量管理需求，紧扣质量目标，形成了全过程质量管理的总体思路与技术方法，确保了土壤详查质量保证与质量控制工作顺利实施。

1.1　项目质量管理相关概念

1.1.1　项目质量

项目质量是指项目的一组固有特性满足项目委托方要求的程度，其包含两方面含义：一是项目成果的质量，即采用与项目任务目标相适应的质量管理，取得高质量的成果；二是项目执行过程本身的质量，即采用与成本和进度约束相适应的质量管理，高效地完成项目任务。

1.1.2　项目质量管理

项目质量管理是关于项目质量的指挥和控制组织的协调活动，是指在一定技术、经济和社会条件下，在科学原理的基础上，运用先进的技术和方法，为实现甚至超越预期的项目质量目标而采取的活动。项目质量管理包括了保证项目满足其目标要求所需要的整个过程，如确定项目质量方针、目标和职责，并在质量管理体系中通过质量计划制订、质量保证、质量控制和质量审查，实施全面管理。其根本目的是保障最终交付的项目成果符合质量要求。

1.1.3 项目质量保证与质量控制

项目质量保证是项目承担方针对项目委托方和其他相关方的要求，对自身在项目质量形成过程中某些环节的质量控制活动提供必要的证据，以取得信任。质量保证分为外部质量保证和内部质量保证。前者是向外部提供保证，以取得项目委托方和其他相关方的信任；后者是项目承担方的管理者确信项目承担方内部各职能部门和人员对质量控制的有效性。

项目质量控制是指为满足项目的质量要求，针对项目质量形成全过程的专业技术和管理进行的控制。质量控制一般是监控项目的具体结果，以判断其是否符合项目的相关标准，识别并制定有效方案来消除产生的质量问题。

项目质量保证与质量控制是项目质量管理的核心流程和关键活动。项目质量保证与质量控制之间的关系可以理解为质量保证是目的，即最终取得项目承担方内部和外部的信任；质量控制是基础，是具体的操作过程。

1.1.4 项目质量管理体系

项目质量管理体系是指组织建立质量方针和目标以及为实现这些目标的过程中相互关联或相互作用的一组要素。其内容包括：项目承担方确定其质量目标以及为获得期望的结果，确定其过程和所需资源的活动；管理相互作用的过程和所需的资源，以向相关方提供价值并实现结果；给出在项目推进过程中，针对预期和非预期的结果确定所采取的措施等。项目质量管理体系要准确地反映项目承担方的需求，是随着时间推移而不断变化的动态系统，因此需要持续改进，项目质量管理体系策划不是一劳永逸的，而是一个持续的过程。

1.2 国内外土壤环境调查项目质量保证与质量控制

1.2.1 国外土壤环境调查项目质量保证与质量控制

1.2.1.1 农用地土壤环境调查项目

国外农用地土壤环境调查项目采用的质量保证与质量控制技术和方法主要包括以下内容。

（1）样品采集

样品采集是土壤环境调查项目的重要环节。欧洲农用地和牧草地地球化学调查（Geochemical Mapping of Agricultural and Grazing Land Soils，GEMAS）、澳大利亚地球化学调查（National Geochemical Survey of Australia，NGSA）等项目在采样前均编制并分发了采样工作手册，并向各采样机构集中提供了采样设备与耗材。GEMAS 项目在采样前还开展了采样现场培训，以确保采样工作质量满足项目要求。

为了评估采样环节对土壤环境调查结果不确定度的贡献，GEMAS 项目每 20 个采样点中插入 1 组平行样，并为每个现场平行样制备了实验室分析平行样，以盲样形式插入送检样品中；NGSA 项目每 10 个采样点插入 1 组平行样；欧洲地球化学基准填图计划（Geochemical Baseline Mapping Programme，GEBMP）项目抽取约 5%的采样点采集平行样；但美国地质调查局（United States Geological Survey，USGS）项目基于两次试验性研究结果，认为采集平行样对质量控制提升作用不大，在实际调查时未采集现场平行样。

（2）样品制备

在 GEMAS、NGSA、USGS 等项目中，样品采集完成后均运送至指定的机构统一进行样品制备。样品经过风干、均质化处理后分为不同粒径的多个子样，送实验室分析或作为留存样品。

（3）样品分析测试

当调查样品数量规模允许时，尽量确保每一个检测指标都由同一家实验室完成样品分析测试。当样品分析测试任务由不同实验室开展时，要求实验室具备相应的资质，且已建立各自的质量保证与质量控制体系，确保检测指标的不确定度和灵敏度符合项目要求。当同一检测指标可以采用不同分析方法检测时，应比较其精密度和正确度，以确定最佳的分析方法。

调查样品一般按照随机顺序进行分析，以使分析误差均匀分散在所有样品中，避免系统误差的影响。同时，随机的分析顺序也可以将项目内部标准物质以盲样的形式插入分析序列中。若调查项目规模较大，则可以将样品分为几个批次，每个批次内再分别按照随机顺序进行分析。

样品分析测试过程中主要采用空白试验、平行试验、基体加标试验、质量控制图等实验室内部质量控制措施。空白试验用于判断分析测试过程是否存在污染，平行试验主要反映分析结果的精密度，基体加标试验等方法用于评估分析结果的正确度。另外，当分析基体十分复杂的样品时，理论检出限可能并不适用，因此 GEMAS 等项目采取了多种检出限的估算方法，如在分析具有复杂基体的样品时，以重复分析时精密度优于 100%的最低浓度作为“实际检出限”（pratical detection limit）。

（4）标准物质使用

标准物质对于保证样品分析测试数据质量非常重要。由于有证标准物质价格昂贵，存在其定值方法与调查项目选用的分析方法不一致导致其标准值不适用于该调查项目、其基体和元素含量与调查样品有较大差别等局限性，国外农用地土壤环境调查项目中使用了包括有证标准物质在内的各类标准物质，对样品分析测试结果质量进行监控。

GEBMP 项目在实施过程中，每分析 1%～2%的样品（注：该项目总采样点约 900 个）插入 2 个标准物质，以验证结果的稳定性。GEMAS 项目研制了农用地和牧草地两种内部标准物质。这两种内部标准物质与项目常规分析样品使用相同的采样方法和设备在项目调查的地块内进行采集，但因采样量较大，可满足项目质量控制要求。在送检样品中，每 20 个样品随机插入 1 个内部标准物质。

NGSA 项目也有类似做法，使用的内部标准物质也是在项目调查区域内采集，采样和制备方法与调查分析样品相同，项目内部标准物质以盲样插入送检样品中。USGS 还分析了 NGSA 和 GEMAS 两个项目所使用的内部标准物质，以评估 UGSG 数据和其他研究的可比性。

USGS 项目总计采用了三类标准物质，分别是：①分析实验室在每 48 个样品中插入 1 个有证标准物质，并使用休哈特控制图对标准物质的分析结果进行分析和审核。当元素浓度大于 5 倍检出限时，若回收率为 85%～115%，则认为数据质量合格，但汞和硒回收率为 80%～120%即合格；②USGS 项目质量控制办公室在每批次 20～30 个样品中至少插入 1 个有证标准物质（通常使用的为 SRM-2709）；③USGS 项目首席科学家在每批次 20～30 个样品中以盲样的形式插入 2 个北美土壤地球化学调查项目（North American Soil Geochemical Landscapes Project）所制备的内部标准物质。

（5）调查结果质量分析

1）精密度评价

GEMAS 项目每 20 个分析样品中插入 1 个分析平行样。分析精密度与样品的浓度水平有关，当样品浓度接近检出下限时，精密度较差；随着样品浓度升高，并达到检测方法的最佳检测范围时，精密度逐渐提高；当样品浓度接近检测上限时，精密度再次下降。使用平行样测定偏差分布图可直观地判断项目整体精密度情况，并识别异常的分析结果。

图 1-1 是以整个项目各实验室分析平行样的平均浓度为横坐标，以平行样结果的绝对偏差为纵坐标生成的散点图。图中的两条斜线分别代表相对偏差为 20%和 10%的情况。落在图最左侧区域的点表明该平行样相对偏差超过 20%；落在图中间区域的点表明该平行样相对偏差为 10%～20%；落在图最右侧的点则表明该平行样相对偏差小于 10%。

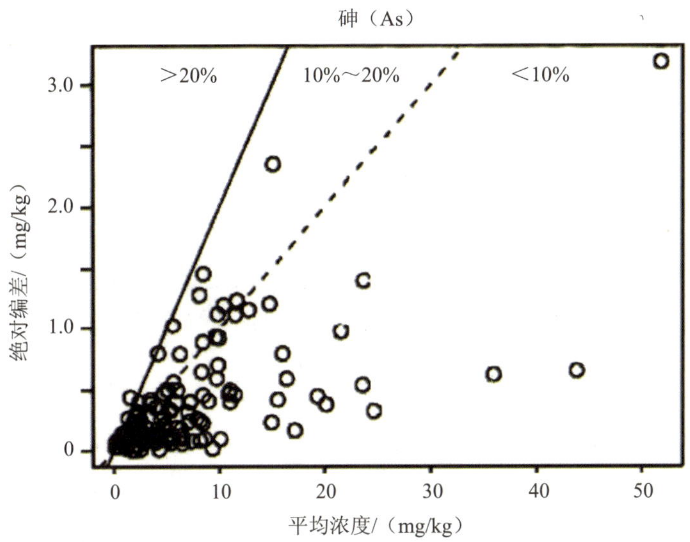

图 1-1 平行样测定偏差分布

结合现场平行样，GEMAS 项目利用方差分析将所有样品分析结果的方差变异进一步划分为元素区域分布方差变异、采样方差变异和分析方差变异。一般认为，采样和分析带来的方差变异程度应远小于土壤本身的区域分布方差变异。在土壤调查项目中，由采样和分析带来的方差变异应不超过总浓度变异的 20%，其中实验室分析方差变异应小于总浓度变异的 4%，采样的方差变异则应小于总浓度变异的 16%。

NGSA 项目组织对 1 个黄土样品和 1 个砂岩样品中所有元素检测的专门能力验证，并以该能力验证获得的各元素变异系数的 2 倍作为 NGSA 项目可接受的精密度。当精密度超出该值时，则认为数据质量不能满足项目要求。

USGS 项目约每 80 个分析样品中插入 1 个平行样。对于平行样分析结果，使用式（1-1）计算每个检测指标的整体标准偏差（SD）：

$$\mathrm{SD}=\sqrt{\sum\frac{R^2}{2k}} \tag{1-1}$$

式中：R —— 每个平行样的绝对差；

k —— 平行样样品数量。

标准偏差与平行样平均值之比为相对标准偏差。对于相对标准偏差超过项目要求的数据，由质量控制办公室组织寻找误差原因，之后对样品进行重复分析。

2）正确度评价

GEMAS、NGSA 等项目均以项目内部标准物质的分析顺序为横坐标、以分析结果为纵坐标绘制结果分布来直观体现标准物质分析结果的变化趋势和离散程度，该图也可以用来发现检测结果的异常值（图 1-2）。

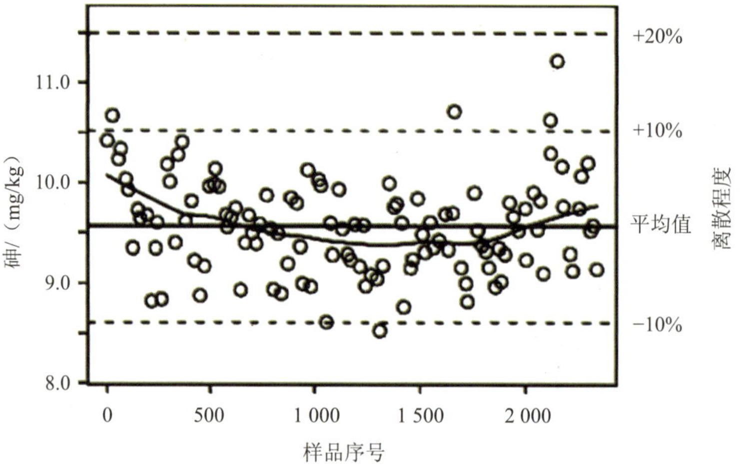

图 1-2　标准物质测定结果分布

1.2.1.2　企业用地土壤环境调查项目

针对因企业经营、污染物堆放等原因造成的污染场地，美国主要基于《综合环境响应、赔偿和责任法》（*Comprehensive Environmental Response，Compensation，and Liability Act*，CERCLA，又称超级基金法）开展污染场地调查、评估和治理，消除有害物质的环境和健康威胁。其中在初步评估/场地调查阶段，开展污染场地相关资料的收集和整理，开展场地的监测，以确定场地的污染来源、特征及潜在影响，并为评估其污染程度提供依据。超级基金法在初步评估/场地调查阶段采取的主要质量保证与质量控制技术和方法如下。

（1）构建多级质量保证与质量控制体系

超级基金法规定美国国家环境保护局（U. S. Environmental Protection Agency，USEPA）下属的应急和补救响应办公室（Office of Emergency and Remedial Response，OERR）负责制定和监管质量保证程序，指导场地负责人开展实际的数据采集质量保证工作，保证不同场地质量控制程序的一致性。为便于工作，USEPA 将全美行政区分为 10 个大区，每个大区的管理部门（Regional Administrators）依据 OERR 制定的质量保证程序，基于当地政策和组织机构开展区域内部的质量保证工作。每个场地的调查单位依据 USEPA 或其他机构的要求开展场地的数据采集工作，并执行质量保证程序。

（2）发布系列技术文件

USEPA 先后发布了一系列数据质量保证与质量控制的相关技术文件，并要求在调查计划制订、样品采集、保存、运输与分析测试等过程中均采取相应措施确保数据质量。

（3）编制场地采样方案

每个场地采样前均需按照相关要求编制采样方案，其中必须包括质量保证方案，且需包括以下内容：项目介绍、项目组织与责任、质量保证目标、采样过程及质量控制措施、样品保存、校准、分析方法（须给出检出限和定量限），数据审核与上报、内部质量控制、执行情况与系统审查、预防性维护、数据质量评估方法、纠正措施、质量保证报告编制等。

（4）分析方法选择

根据需要分析测试的检测指标以及质量保证目标确定具体分析方法。分析方法选择时需要考虑定量限、可检测的组分、定性置信区间、正确度、不确定度、分析耗时以及检测成本等。

（5）实验室选择

相关工作部门会帮助各场地数据采集单位选择合适的合同实验室进行样品分析测试。必要时也可由合同实验室之外的其他检测机构进行样品分析测试，但需对其分析数据进行审核，确保数据的有效性和安全性。

（6）数据采集单位定期审查

USEPA 总部和区域质量控制部门定期开展数据采集单位的审查，确保数据采集单位数据质量符合技术和合同要求。审查主要包括：①评估签约单位质量保证方案的执行情况，判断哪些环节需要改善和指导；②对质量保证活动以及数据采集系统进行技术审核，包括采样、分析系统、设备维护记录、质量表格记录等；③数据质量审核，是否有足够信息对现有数据质量进行判断；④能力验证审核，对实验室及分析人员的工作表现、使用的设备或分析技术进行审核。

（7）背景样品与质量控制样品采集

场地负责人应在采样方案设计阶段确定如何采集背景样品及质量控制样品。背景样品是在采样位置附近未受到相关污染物影响的位置采集的样品，用于建立相关污染物的基线值。背景样品需要与普通样品在相同条件下采集，并且对于每种环境介质均需采集。质量控制样品用于评估采样过程的准确度和可能的偏差。质量控制样品包括平行样、空白样等。质量控制样品的组成和使用频率应根据采样目的和已有的区域指导文件来确定。所有现场质量控制样品的保存、运输和分析都应与普通样品一致。场地负责人需要通过质量控制样品的分析结果对采样执行情况进行评估。

（8）数据质量评价

数据质量评价范畴包括数据可用性、数据量是否足够、数据误差来源等。数据审核人根据方法中的评价标准对实验过程是否受控、数据是否合格进行判断。数据审核过程需要符合项目质量保证目标和质量保证方案要求。合同实验室的数据需要依据数据评估指南，由经过区域质量保证工作培训后的人员进行审核。

（9）数据总不确定度评估

总不确定度主要来自采样误差和实验室误差，其中，采样误差由污染物在空间分布上的差异导致，实验室误差则指真实数据与分析数据之间的差异。影响采样误差的因素包括采样位置坐标误差、不适当的样品预防污染方法、不适当的样品保存方法等，影响实验室误差的因素包括不适当的样品制备和分析过程、不良的仪器性能、过长的样品保存时间等。

1.2.2 国内土壤环境调查项目质量保证与质量控制

1.2.2.1 农用地土壤环境调查项目

2000 年以后，我国相关部门先后组织开展过全国土壤污染状况调查、多目标区域地球化学调查、农产品产地土壤重金属污染普查和国家土壤环境监测网例行监测等工作。国内农用地土壤环境调查项目采用的质量保证与质量控制技术和方法主要包括以下几个方面。

（1）构建多级质量管理体系

全国土壤污染状况调查建立了主要由省级环境监测中心（站）与各检测实验室组成的两级质量管理体系，省级环境监测中心（站）负责检查各检测实验室的内部质量控制指标及其质量控制相关记录和数据报告，并在调查期间组织开展了两次土壤检测能力验证活动。

多目标区域地球化学调查建立了中国地质调查局、六大区地质调查中心、任务承担单位三级质量管理体系，中国地质调查局负责组织制定标准、确定实验室名单、实施实验室外部质量监控、野外样品采集和测试成果验收，六大区地质调查中心负责项目过程管理，任务承担单位负责建立内部质量管理体系、按标准要求实施内部质量监控。

农产品产地土壤重金属污染普查建立了国家级和省级两级质量管理体系，农业农村部农业生态与资源保护总站会同农产品产地土壤重金属污染普查专家组负责污染普查工作全过程质量控制技术指导、培训和督查，各省级农业机构负责建立本地区污染普查质量管理体系，健全相关规章制度，对本辖区污染普查工作实施全程质量控制，配合专家组开展质量督导。

国家土壤环境监测网例行监测建立了国家级（中国环境监测总站）、省级和实施实验室三级质量管理体系，中国环境监测总站负责建立统一的质量管理规则、开展国家级技术培训和指导、实施国家级质量控制和质量监督，并对监测质量进行评价等，省级环境监测中心（站）负责辖区内监测任务分配、实施实验室确定、开展省级技术培训和指导、组织省级质量控制和质量监督等，实施实验室负责内部质量控制和质量监督等。

（2）成立技术指导和质量监督检查专家组

全国土壤污染状况调查和多目标区域地球化学调查，组织成立了技术指导专家组，对项目开展进行指导，确保调查任务按时、保质、保量完成。在农产品产地土壤重金属污染普查中，建立了专家库，并筛选专家组成质量监督检查组，对监测任务全过程进行质量监督检查、技术指导和考核评估。在国家土壤环境监测网例行监测中，建立了全程序、全要素、精细化的质量监督体系和量化的质量评价体系，针对各要素、各环节和各类技术手段，制定了质量监督要点、质量评价指标和评价标准，组建质量监督检查组开展质量监督活动、监督问题整改并形成质量监督报告，根据检查结果进行量化质量评价。

（3）统一技术要求

在各农用地土壤环境调查项目中，均制定了实施方案、技术规定等技术文件，为调查任务的顺利实施和质量保证提供依据。各项目规定，实验室应选择检出限低、精密度好、准确度高并满足技术要求的分析方法。选用的分析方法需进行方法验证，检出限、精密度和准确度验证合格后方可用于调查样品检测。

（4）实验室筛选

各调查项目要求参加调查的实验室具有国家或地方计量认证资质或国家实验室认可资质，以确保实验室能按照相关技术规定取得合格数据。在国家土壤环境监测网例行监测中，实验室资质、人员能力、监测方法、监测条件和质量管理等均须满足国家质量管理要求，由省级环境监测中心（站）初步核查确认后，再由国家进行监督和抽查。在农产品产地土壤重金属污染普查中，对拟参加样品分析测试的检测实验室进行初步筛选，通过初步筛选要求的实验室须参加普查全程质量控制培训并考核合格且通过能力验证后，方可入选合格检测实验室名录。在多目标区域地球化学调查中，对承担样品检测任务的实验室也进行了类似的筛选考核。

（5）组织人员技术培训

各调查项目均组织了多次技术培训或宣贯，确保工作人员能保质、保量完成样品采集与分析任务。

（6）样品采集

在全国土壤污染状况调查中，对采样质量进行检查，包括采样点位的准确性、合理性，采样记录的完整性，采样工具、样品容器的正确性，样品包装的规范性以及采样器具是否进行严格清洗等。在国家土壤环境监测网例行监测中，采样精密度由采样终端进行强制控制，全部样品通过随机编码实现采测分离，采样操作由省级环境监测中心（站）进行现场监督和国家级质量监督组抽查，采样信息通过采样终端由采样小组进行自审后上传，再由省级环境监测中心（站）和中国环境监测总站依次进行技术审查，不符合采样技术要求或信息填写不规范等情况需要重新采样。在农产品产地土壤重金属污染普查中，由各省级农业机构和部级质量控制检查督导组对采样质量进行两级质量控制检查。

（7）样品制备

在全国土壤污染状况调查中，地方未形成统一、集中的样品制备与流转中心，由任务承担单位按照统一的样品制备技术要求自行完成。在国家土壤环境监测网例行监测中，制定了土壤样品制备专业化实验室建设方案，建立了 6 个标准化土壤样品制备与流转中心，逐步实现了集中制样质量控制模式，试验了视频监控和记录留存备查的质量控制方式，省级环境监测中心（站）和中国环境监测总站进行质量监督检查或抽查。在农产品产地土壤重金属污染普查中，设置专门质量监督员 1 名，并由省级农业机构和部级质量控制检查督导组对制样质量进行两级质量控制检查。

（8）样品分析测试

样品分析测试质量控制分为实验室内部质量控制和实验室外部质量控制。实验室内部质量控制已比较成熟，一般包括校准曲线绘制要求、空白试验、平行样试验、标准物质、基体加标试验、异常值复测等。

全国土壤污染状况调查实验室外部质量控制主要采用了插入密码质量控制样品的方法。在国家土壤环境监测网例行监测中，制定了质量控制体系和质量控制评价标准，外部质量控制分为省级外部质量控制和国家级外部质量控制；省级外部质量控制通过插入检测样品中的质量控制样品分析结果对质量控制结果进行评价；国家级外部质量控制采取批次质量控制和总量质量控制两种模式，质量控制样品全部为盲样发放，精密度控制措施包括现场平行样比对、实验室内平行样比对、省内实验室间平行样比对、省际平行样比对和国家级平行样比对，正确度控制措施包括标准物质样品或特定质量控制样品测试等。在农产品产地土壤重金属污染普查中，通过对每批样品插入密码平行样（包括室间密码平行样和室内密码平行样）和定值质量控制样品对检测实验室样品分析测试过程进行外部质量控制，至少每月 1 次指派专人对各检测实验室的质量控制情况进行监督检查，开展互检或盲样测定考核，并不定期对各检测机构进行抽检或复检。多目标区域地球化学调查项目采用每 2 000 件样品中插入 150 件外部质量控制样品对实验室样品分析测试过程进行外部质量控制。

1.2.2.2 企业用地土壤环境调查项目

在开展全国重点行业企业用地土壤污染状况调查（以下简称企业用地调查）之前，我国还没有开展过全国性的企业用地土壤环境调查与风险筛查，常见的企业用地土壤污染状况调查方法主要是以地块为调查单元开展调查工作，目的是对工业企业生产活动造成的土壤污染危害进行风险评价。地块尺度的企业用地土壤污染状况调查质量保证与质量控制主要参照已发布的土壤、地下水等有关环境监测规范要求执行。企业用地土壤污染状况调查质量保证与质量控制主要技术与方法包括以下几个方面。

（1）样品采集

在采样过程中对钻机和采样设备进行清洗，在第一个钻孔开钻前要进行设备清洗；进行连续多次钻孔后的钻探设备应进行清洗；同一钻机在不同深度采样时，应对钻探设备、取样装置进行清洗；与土壤接触的其他采样工具重复使用时也应清洗。一般情况下可用清水清理，也可用待采土壤样品或清洁土壤进行清洗；必要时或特殊情况下，可采用无磷去垢剂溶液、高压自来水、去离子水（蒸馏水）或 10%硝酸进行清洗。

现场采样记录、现场监测记录可使用表格描述土壤特征、可疑物质或异常现象等，同时应保留现场相关影像记录，其内容、页码、编号要齐全便于核查，如有改动应注明修改人及时间。

要求对质量控制样品进行采集，包括现场平行样、全程序空白样、运输空白样等，并要求同种采样介质，应采集至少一个现场平行样。

（2）样品保存和运输

样品应置于 4℃以下的低温环境（如冰箱）中运输、保存，避免运输、保存过程中的挥发损失，送至实验室后应尽快进行检测。

（3）样品分析测试

样品分析测试按照《土壤环境监测技术规范》（HJ/T 166—2004）、《地下水环境监测技术规范》（HJ/T 164—2020）、《地表水和污水监测技术规范》（HJ/T 91—2002）、《水质 采样 样品的保存和管理技术规定》（HJ 493—2009）等环境监测技术规范中相关要求执行，对于特殊检测指标应按照相关分析方法标准要求进行分析测试。

1.3 土壤详查工作目标与主要任务

土壤详查是在以往有关部门已完成的“全国土壤污染状况调查”“多目标区域地球化学调查”“农产品产地土壤重金属污染调查”等专项调查基础上开展的一次深入系统

调查，旨在进一步掌握全国土壤污染状况，支撑农用地土壤环境质量分类管理，全面摸清企业用地土壤污染状况底数，为治理污染、管控风险提供科学依据。土壤详查包括全国农用地土壤污染状况详查（以下简称农用地详查）和企业用地调查。

1.3.1 土壤详查工作目标

在已有调查基础上，以农用地和重点行业企业用地为重点，查明农用地土壤污染的面积、分布及其对农产品质量的影响，掌握重点行业企业用地中污染地块的分布及其环境风险情况。

1.3.2 农用地详查主要任务

以耕地为重点，兼顾园地和牧草地，围绕已有调查发现的土壤污染点位超标区与土壤重点污染源影响区，开展农用地土壤污染状况详查，查明农用地土壤污染的面积、分布和污染程度，综合评价土壤污染环境风险；开展土壤与农产品协同调查，初步查明土壤污染对农产品质量的影响，调查成果有效支撑农用地分类管理和安全利用，保障农业生产环境安全。

调查内容主要包括：

（1）表层土壤污染物含量调查

重点针对前期土壤污染调查发现的异常区域或点位，结合重点工业企业污染源影响区和历史上污染区域，开展表层土壤样品加密调查。

（2）土壤与农产品协同调查

布设水稻与小麦土壤和农产品协同调查点位，为分析协同调查点位表层土壤中重金属含量与农产品中重金属含量的对应关系提供科学数据。

（3）表层土壤与深层土壤协同调查

针对尚未开展多目标地球化学调查的地区，增加布设深层土壤样品点位，为比较分析表层土壤重金属累积性提供科学数据。

（4）成果汇总与集成

汇总全国农用地土壤污染状况详查数据与评价结果，编制农用地详查报告，制作土壤污染状况图集，建立国家和省级土壤样品库。

1.3.3 企业用地调查主要任务

全面排查全国有色金属矿采选、有色金属冶炼、石油开采、石油加工、化工、焦化、电镀、制革等重点行业企业地块；开展重点行业企业地块的基础信息收集和采样调查，摸清土壤污染状况及污染地块分布，初步掌握污染地块环境风险情况，建立优先管控名录。调查成果有效支撑重点行业企业用地污染防治和风险管控，严控新增土壤污染，防范人居环境风险。

调查内容主要包括：

（1）确定调查对象

聚焦对土壤环境影响突出的重点行业，全面排查确定对土壤环境影响突出的重点行业企业地块作为调查对象，包括在产企业地块和关闭搬迁企业地块。

（2）开展基础信息调查

按照统一的技术方法开展基础信息、污染特征、扩散迁移特性和敏感受体等资料调查，为风险筛查提供数据支撑。

（3）开展地块风险筛查

基于调查获得的基础信息开展风险筛查，初步确定地块土壤污染风险等级，划分为高度、中度、低度关注地块三类。

（4）开展采样调查

选择样本地块开展初步采样调查，获取调查企业地块土壤和地下水中污染物种类及浓度等数据，掌握污染地块分布情况。

（5）开展地块风险分级

基于风险筛查结果与初步采样调查结果，构建风险等级综合研判规则，确定潜在高、中、低风险地块，明确重点行业企业用地的管理优先序。

（6）成果集成

开展数据审核清洗、统计处理、综合评价与专题分析，结合土壤环境管理决策需求，进行成果集成，形成全国重点行业企业用地土壤污染状况调查报告、图件、数据库与信息管理平台。

1.4 土壤详查质量管理面临的挑战、目标与总体思路

1.4.1 土壤详查质量管理面临的挑战

基于土壤详查工作目标与主要任务，土壤详查在质量管理方面面临的挑战主要有以下几个方面。

（1）土壤详查质量管理组织实施难度大

一方面，土壤详查由生态环境、自然资源、农业农村等多部门共同参与，各部门在

土壤详查之前均开展过全国性的土壤调查，形成了各自的质量管理组织实施模式，部门间协调一致有难度；另一方面，土壤详查包括农用地详查和企业用地调查，涉及环境科学、环境工程、环境监测、分析测试、地质调查、农产品质量、空间规划、信息工程等多个专业领域，任务承担单位多并鼓励社会第三方参与，各任务单位间内部质量管理水平参差不齐，保证所有任务单位按照统一的质量要求开展调查工作的难度大。建立并实施一套统一高效的质量管理组织体系的挑战大。

（2）土壤详查技术体系复杂，部分环节质量控制基础相对薄弱

土壤详查包含农用地详查与企业用地调查两套技术体系，农用地详查涵盖详查范围确定、单元划分、点位布设、样品采集、流转、制备与保存、实验室分析测试与数据上报、成果集成等环节，企业用地调查涵盖调查对象确定、基础信息及空间信息调查、风险筛查、采样调查、风险分级、成果集成等环节。其中，农用地详查范围确定、企业用地调查对象确定与基础信息调查、空间信息调查相互交叉影响，环环相扣；农用地详查中单元划分与成果集成、企业用地调查中调查对象确定、基础信息及空间信息调查、风险筛查与风险分级等无质量控制先例可参照，质量控制基础比较薄弱。土壤详查质量控制工作的流程长、环节多、体系欠缺，针对农用地详查和企业用地调查两套技术体系设计并实施一套与之相适应的质量保证与质量控制技术和方法的挑战大。

（3）土壤详查质量要求高

土壤详查是一项重要的国情调查，是推动土壤环境风险管控、维护公众健康的重大民生工程，是促进土壤污染治理、逐步改善土壤环境质量的重要基础性工作，调查工作质量和成果质量直接关系到我国土壤环境管理体系建设、土壤资源永续利用、保障农产品安全和人居环境安全。在《全国土壤污染状况详查总体方案》中已明确要求“实现对调查的前期工作准备、布点采样与资料调查、样品流转与制备、样品分析测试、数据上报与审核入库、成果汇总分析与集成等全过程质量管理”。建立全过程的质量控制体系，确保高质量完成土壤详查的工作挑战大。

1.4.2 土壤详查质量目标

土壤详查围绕具体任务目标，坚持工作质量与工作进度并重、质量优先原则，通过强化土壤详查全过程质量管理，确保土壤详查各项工作严格按照技术规定和管理要求规范开展，实现土壤详查数据和成果真实、准确、全面的土壤详查质量目标。

具体而言，农用地详查和企业用地调查的质量目标如下：

（1）农用地详查质量目标

确保详查范围全面、详查单元划分科学合理、点位布设具有针对性和代表性；土壤

和农产品样品采集、流转、制备、保存和分析测试全过程操作规范，确保农用地详查样品具有代表性、完整性和均一性，分析测试数据真实、准确、可靠；农用地详查集成数据完整、准确，详查成果全面、准确、可靠。

（2）企业用地调查质量目标

实现调查对象应查尽查，基础信息调查成果能真实反映地块污染状况，风险筛查和风险分级过程规范、结果合理，采样调查布点采样方案科学合理，采样操作真实规范，分析测试数据准确可靠，成果集成数据完整准确，企业用地调查成果全面、准确、可靠。

1.4.3 土壤详查质量管理总体思路

针对土壤详查对质量保证与质量控制工作需求和设定的质量目标，土壤详查质量管理的总体思路概述如下。

（1）创新工作机制，加强人员培训

针对土壤详查参与方多、组织实施难等特点，建立和运行统一高效的土壤详查质量管理组织体系，创新质量保证与质量控制工作机制，加强国家对地方的技术指导和监督检查，层层落实相关部门的质量管理责任。同时实施统一的任务承担单位筛选，强化对土壤详查参与人员的培训与指导，确保土壤详查各任务承担单位的技术能力和水平，保证土壤详查数据真实、准确、可比。

（2）组建独立质量控制队伍，实施全过程质量控制

针对农用地详查与企业用地调查复杂的技术体系，科学制定质量控制工作方案，充分论证，试点先行，建立相应的全过程质量控制体系，组建由技术支撑单位、科研院所、高等学校等多部门，涵盖环境科学、环境工程、环境监测、分析测试、地质调查、农产品质量、空间规划、信息工程等多领域组成的独立质量控制专家队伍，综合运用已有各项质量保证与质量控制技术和方法，创新调查对象确定、详查单元划分、基础信息调查、风险筛查与风险分级等环节的质量保证与质量控制技术和方法，强化调度评估，注重技术帮扶，实施全过程、各环节质量控制。

（3）充分运用现代先进技术，多措并举开展全过程质量管理

针对土壤详查复杂技术流程产生的海量数据，充分应用互联网+、网络数据库等现代信息技术，强化系统管理、控制人为差错，实现全过程的信息化质量管理。通过现场检查、线上抽审、远程会议等各种方式，对土壤详查全过程、各工作环节开展线下与线上的“双线”质量控制和监督检查，夯实土壤详查质量基础。

第 2 章　质量管理体系的建立与组织实施

建立统一的土壤详查质量管理体系并确保其高效运行是土壤详查质量保证与质量控制工作的核心。土壤详查建立了高效的组织管理体系、统一的调查技术体系和全过程质量控制体系，创新和集成应用了各项质量管理工作机制及质量保证措施，确保了土壤详查质量管理体系的高效运行，被称为“史上最严质量控制”，为严守土壤详查质量红线，确保土壤详查数据和成果真实、准确、全面发挥了重要作用。

2.1　质量管理体系的建立

2.1.1　高效的组织管理体系

为统筹各部门在既有土壤调查工作中形成的不同质量管理组织实施模式，满足土壤详查在多个领域的专业技术需求，更好地落实任务承担单位的质量管理主体责任，土壤详查构建了上下联动的三级质量管理架构，组建了独立的质量管理工作队伍，确保质量管理体系的高效运行。

2.1.1.1　构建三级质量管理架构

由生态环境部门牵头，依托生态环境部、自然资源部、农业农村部三部门专业技术力量，构建了国家级、省级、任务承担单位三级质量管理体系，逐级落实土壤详查质量管理责任。

国家相关部门成立了全国土壤污染状况详查工作协调小组办公室（以下简称全国详查办），统筹管理全国土壤详查质量保证与质量控制工作。全国详查办下设质量控制组，具体负责土壤详查工作质量的统一管理，包括组织建立和完善土壤详查质量管理体系，发布系列管理文件、技术规定、相关工具和答疑文件；组建农用地详查国家级质量控制实验室和企业用地调查国家级质量控制工作团队、全国土壤详查质量监督检查专家库，对各地土壤详查质量保证与质量控制工作进行技术指导、监督检查和考核评估。

省级土壤详查工作协调小组办公室（以下简称省级详查办）负责本行政区土壤详查工作质量的统一管理，委托省级质量控制实验室或省级质量控制牵头单位对本行政区土壤详查质量保证与质量控制工作进行技术指导和组织实施。省级质量控制实验室和省级质量控制牵头单位分别负责组织开展对本行政区农用地详查和企业用地调查全过程、各环节的技术指导、监督检查和考核评估，同时接受国家级质量控制实验室（工作团队）的技术指导和监督检查。

任务承担单位作为土壤详查工作的实施主体，以全国详查办和任务省份正式发布的技术文件为依据开展工作，建立和完善针对本单位土壤详查工作任务的质量管理体系，配合省级详查办和省级质量控制实验室或质量控制牵头单位做好各项相关工作，接受省级质量控制实验室或省级质量控制单位的技术指导、监督检查和工作质量评估。

土壤详查建立的三级质量管理架构见图 2-1。

2.1.1.2　组建质量管理工作队伍

土壤详查专门组建了独立的质量管理专家队伍，其主要职责包括参与质量保证与质量控制技术文件的编制、开展质量保证与质量控制技术培训、技术指导和质量监督检查、协助做好质量保证与质量控制工作总结和质量评估考核等。

（1）全国土壤污染状况详查工作专家咨询委员会

全国土壤污染状况详查工作专家咨询委员会（以下简称咨询委员会）作为土壤详查工作的智库，由高等学校、科研院所、技术支撑单位等机构中的院士和高级专家组成，覆盖环境科学、环境工程、环境监测、分析测试、地质调查、空间规划、农产品质量、信息工程等土壤详查涉及的各个专业领域。

咨询委员会的主要职责包括对土壤详查总体方案和技术规定编制等提供咨询建议；对土壤详查工作中的重点、难点问题及新情况、新问题研究提出意见建议；对土壤详查工作中的重大技术问题提供技术咨询意见，或根据需要做出技术决策；对土壤详查工作成果汇总分析提供咨询；组织对土壤详查工作成果进行技术论证；为全国详查办决策提供技术支持等。

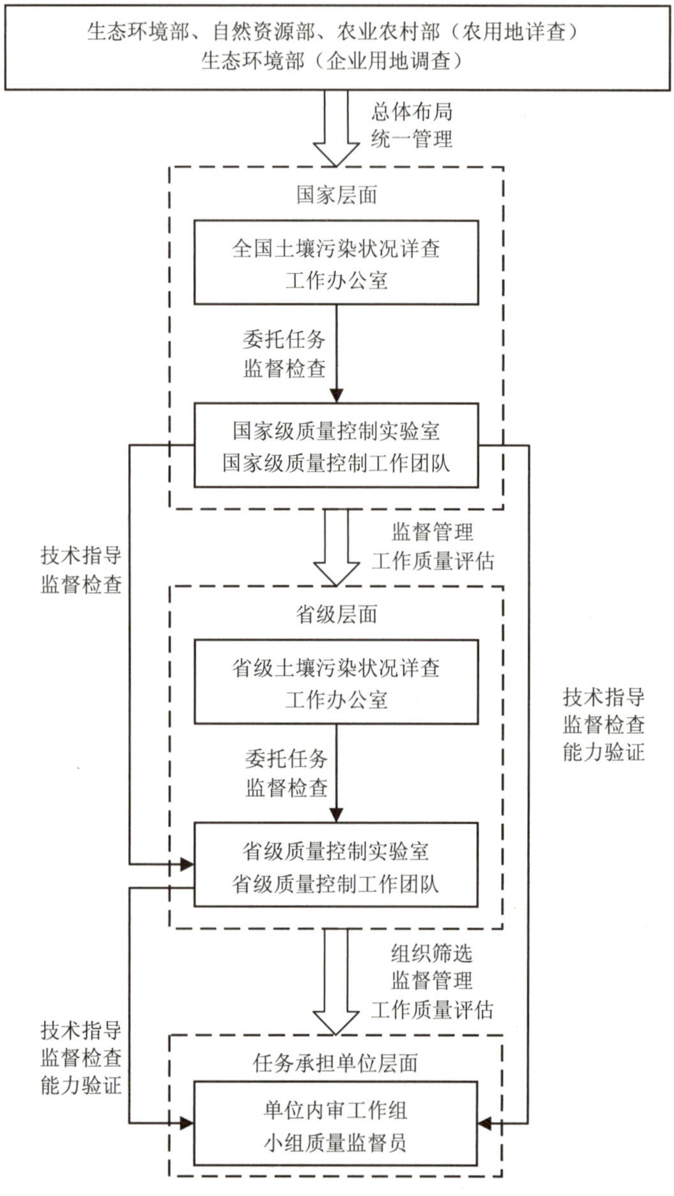

图 2-1　土壤详查三级质量管理架构

（2）国家级质量控制实验室（质量控制工作团队）

农用地详查由生态环境部、自然资源部和农业农村部三部门部属主要技术支撑单位组成国家级质量控制实验室，企业用地调查由生态环境部部属主要技术支撑单位组成国家级质量控制工作团队。国家级质量控制实验室和国家级质量控制工作团队受全国详查办委托，在国家层面分别开展农用地详查和企业用地调查质量管理技术指导与监督检查工作。

在农用地详查工作中，全国详查办建立了由熟悉土壤详查相关业务、具有质量保证与质量控制工作经验的专家组成的全国农用地详查质量监督检查专家库。在企业用地调查工作中，全国详查办组建了由场地污染调查、环境影响评价、环境工程、环境监测、分析测试、地质调查、信息工程等领域技术专家组成的全国企业用地调查质量控制专家库。入库专家根据全国详查办的统一调度安排，参与对地方土壤详查工作的技术指导、监督检查及考核评估。

（3）省级质量控制专家队伍

依托有关部门的技术支撑单位，各省（区、市）和新疆生产建设兵团均建立了各自的省级质量控制专家队伍，参与对本行政区任务承担单位土壤详查工作的技术指导、监督检查及考核评估。

（4）任务承担单位质量控制工作组

各任务承担单位均建立了内部质量控制工作组，负责对任务承担单位的全部工作质量进行内审；各工作小组均指定了质量监督员，对本小组工作质量开展自审。

2.1.2　统一的技术体系

统一的技术体系是开展质量管理的基础。在土壤详查实施之前，一方面，相关部门在农用地详查领域均已建立各自的土壤调查技术体系，虽然在技术上有共通之处，但因调查目标的差异也有很多不一致的地方；另一方面，企业用地调查虽然是由生态环境部门独立实施，但因属全国首次开展，技术基础比较薄弱。因此，为保障土壤详查按照统一的技术要求开展，确保土壤详查工作过程规范、受控、可溯，成果真实、准确、全面，全国详查办强化各环节工作的顶层设计，组织技术力量编制和发布了一系列技术规定、工作手册、答疑文件，构成了统一的土壤详查技术体系（图 2-2）。

在土壤详查技术体系中，技术规定主要确定了各环节的工作程序、工作内容和组织实施要求，是开展各项质量保证与质量控制工作的基本依据；工作手册细化各环节的工作目的、工作内容及工作流程，直接指导工作开展；答疑文件则根据工作推进中遇到的问题，通过工作答疑机制，以技术答疑平台等方式发布常见问题解答，进一步完善和统一各环节技术要求（表 2-1 和表 2-2）。

图 2-2　土壤详查技术体系

表 2-1　农用地详查发布的管理和技术文件清单

序号	文件名称	文号/来源
（一）	管理文件类	
1	全国土壤污染状况详查总体方案	环土壤〔2016〕188 号
2	关于组织做好全国土壤污染状况详查实验室筛选工作的通知	环办土壤函〔2016〕2325 号
3	关于推荐全国土壤污染状况详查质量监督检查专家的函	环办土壤函〔2017〕77 号
4	省级土壤污染状况详查实施方案编制指南	环办土壤函〔2017〕1023 号
5	关于发布全国土壤污染状况详查质量控制实验室和首批检测实验室名录的通知	环办土壤函〔2017〕1138 号
6	关于成立全国土壤污染状况详查工作协调小组及专家咨询委员会的函	环办土壤函〔2017〕1182 号
7	关于发布全国土壤污染状况详查检测实验室名录（增补）的通知	环办土壤函〔2017〕1626 号
8	关于抓紧建立全国土壤污染状况详查国家级质量控制实验室联席会议机制的函	土壤司司便函

序号	文件名称	文号/来源
9	关于建立全国土壤污染状况详查质量监督检查专家库的通知	土壤司司便函
10	关于做好全国土壤污染状况详查农产品样品入库工作的通知	环办土壤函〔2018〕1375 号
11	关于请协助做好全国农用地土壤污染状况详查数据质量核查工作的函	土壤司司便函
12	关于进一步加强全国农用地土壤污染状况详查已上报数据复核工作的函	土壤司司便函
13	关于抓紧梳理排查农用地土壤污染状况详查分析测试数据错误的函	土壤司司便函
14	关于认真组织做好农用地土壤污染状况详查成果集成工作的通知	环办土壤〔2018〕39 号
15	关于报送省级农用地土壤污染状况详查初步成果材料有关要求的通知	环办土壤函〔2018〕1486 号
16	关于做好农用地土壤污染状况详查阶段性成果初步共享与应用的通知	环办土壤函〔2019〕397 号
（二）	技术文件类	
17	全国土壤污染状况详查实验室筛选技术规定	环办土壤函〔2016〕2325 号
18	全国土壤污染状况详查手持终端和蓝牙打印机配置要求	环办土壤函〔2017〕878 号
19	农用地土壤污染状况详查点位布设技术规定	环办土壤函〔2017〕1021 号
20	农用地土壤污染状况详查点位核实工作手册	环办土壤函〔2017〕1022 号
21	农用地土壤样品采集流转制备和保存技术规定	环办土壤〔2017〕59 号
22	农产品样品采集流转制备和保存技术规定	
23	农用地土壤污染状况详查质量保证与质量控制技术规定	环办土壤函〔2017〕1332 号
24	全国农用地土壤污染状况详查样品制备视频监控要求	环办土壤函〔2017〕1493 号
25	全国土壤污染状况详查土壤样品分析测试方法技术规定	环办土壤函〔2017〕1625 号
26	全国土壤污染状况详查农产品样品分析测试方法技术规定	
27	全国土壤污染状况详查地下水样品分析测试方法技术规定	
28	关于进一步明确农用地土壤污染状况详查相关要求的通知	环办土壤〔2017〕88 号
29	全国农用地土壤污染状况详查质量保证与质量控制工作方案	环办土壤函〔2017〕1959 号
30	全国土壤污染状况详查实验室管理办法	环办土壤〔2018〕16 号
31	全国土壤污染状况详查档案管理办法（试行）	环办土壤函〔2018〕728 号
32	全国土壤污染状况详查工作保密管理办法	环办土壤函〔2018〕729 号
33	土壤样品库建设及运行维护技术规定	环办土壤函〔2018〕1454 号
34	全国农用地土壤污染状况详查制图规范（试行）	环办土壤函〔2018〕1462 号
35	农用地土壤环境风险评价技术规定（试行）	环办土壤函〔2018〕1479 号

序号	文件名称	文号/来源
36	农用地土壤污染状况详查省级质量保证与质量控制工作总报告编写指南	工作群发布
（三）	答疑手册类	
37	农用地土壤污染状况详查相关技术问题答疑手册（第一期）	工作群发布
38	农用地土壤污染状况详查相关技术问题答疑手册（第二期）	工作群发布
39	农用地土壤污染状况详查相关技术问题答疑手册（第三期）	工作群发布
40	农用地土壤污染状况详查相关技术问题答疑手册（第四期）	工作群发布

表 2-2 企业用地调查发布的管理和技术文件清单

序号	文件名称	文号/来源
（一）	管理文件类	
1	全国土壤污染状况详查总体方案	环土壤〔2016〕188 号
2	省级土壤污染状况详查实施方案编制指南	环办土壤函〔2017〕1023 号
3	关于进一步明确重点行业企业用地调查相关要求的通知	环办土壤函〔2018〕924 号
4	关于进一步明确油田、尾矿库、填埋场等地块相关调查要求的通知	环办土壤函〔2019〕222 号
5	关于进一步加强重点行业企业调查质量管理的通知	环办土壤函〔2019〕352 号
6	关于开展全国尾矿库环境基础信息排查摸底工作的通知	环办固体函〔2019〕387 号
7	关于进一步稳妥推进重点行业企业用地土壤污染状况调查工作的通知	环办土壤函〔2019〕818 号
8	关于强化重点行业企业用地调查信息管理系统安全使用的函	土壤司司便函
9	关于重点行业企业用地土壤污染状况初步采样调查有关工作要求的函	环办便函〔2019〕280 号
10	关于安全有序推进重点行业企业用地土壤污染状况调查确保如期完成目标任务的通知	环办土壤函〔2020〕77 号
11	疫情防控期间地方企业用地调查室内可开展工作的建议	工作群发布
12	关于进一步明确重点行业企业用地土壤污染状况调查技术指导与质量控制专家工作纪律要求的通知	土壤司司便函
13	关于进一步加强重点行业企业用地土壤污染状况调查检测实验室质量管理的通知	环办土壤函〔2020〕482 号
14	关于报送省级重点行业企业用地土壤污染状况调查初步成果材料有关要求的通知	土壤司司便函
（二）	技术文件类	
15	重点行业企业用地调查质量保证与质量控制技术规定（试行）	环办土壤函〔2017〕1896 号

序号	文件名称	文号/来源
16	重点行业企业用地调查信息采集技术规定（试行）	环办土壤〔2017〕67 号
17	在产企业地块风险筛查与风险分级技术规定（试行）	
18	关闭搬迁企业地块风险筛查与风险分级技术规定（试行）	
19	重点行业企业用地调查疑似污染地块布点技术规定（试行）	
20	重点行业企业用地调查疑似污染地块样品采集保存和流转技术规定（试行）	
21	重点行业企业用地调查信息采集工作手册（试行）	环办土壤函〔2018〕884 号
22	重点行业企业用地调查信息采集质量控制工作手册（试行）	环办土壤函〔2018〕1168 号
23	重点行业企业用地调查风险筛查结果纠偏工作手册（试行）	
24	重点行业企业用地调查疑似污染地块布点采样方案审核工作手册（试行）	
25	重点行业企业用地调查样品采集保存和流转质量控制工作手册（试行）	环办土壤函〔2019〕845 号
26	重点行业企业用地土壤污染状况调查环节成果集成报告编制指南	
27	重点行业企业用地土壤污染状况调查制图规范（试行）	
28	重点行业企业用地调查地块空间数据审查入库工作方案	工作群发布
29	全国土壤污染状况详查土壤样品分析方法技术规定	环办土壤函〔2017〕1625 号
30	全国土壤污染状况详查地下水样品分析方法技术规定	环办土壤函〔2017〕1625 号
31	重点行业企业用地调查布点及采样方案核心内容编写模板	环办便函〔2020〕51 号
32	重点行业企业用地土壤污染状况调查风险等级判定规则	土壤司司便函
33	省级重点行业企业用地土壤污染状况调查报告编制指南	环办便函〔2020〕374 号
34	重点行业企业用地土壤污染状况调查制图规范（修订）	环办便函〔2020〕374 号
35	重点行业企业用地土壤污染状况调查省级质量保证与质量控制报告编写模板	土壤司司便函
36	省级重点行业企业用地土壤污染状况调查成果提交清单	土壤司司便函
37	重点行业企业用地土壤污染状况调查成果集成数据审核工作手册	土壤司司便函
38	省级重点行业企业用地调查空间数据整合自查上报手册（试用）	工作群发布
39	省级重点行业企业用地土壤污染状况调查成果技术审查工作手册	工作群发布
（三）	答疑及相关工具	
40	地块风险筛查高分值指标项及对应信息项填写说明	工作群发布
41	污染源信息调查表中现况与历史信息填报要求	工作群发布

序号	文件名称	文号/来源
42	地块信息调查表填报中常见问题	工作群发布
43	重点行业企业用地空间信息采集操作示例及常见问题	工作群发布
44	重点行业企业用地土壤污染状况调查常见问题解答（第 1～13 期）	工作群发布
45	布点采样方案编制中存在的典型问题与解决建议	工作群发布
46	省级重点行业企业用地土壤污染状况调查报告编写关键文件及分析方向	土壤司司便函

2.1.3 全过程质量控制体系

基于土壤详查高效的组织管理体系与统一的技术体系，借助土壤详查完善的工作机制与保障措施，在三级质量管理架构和现代科学技术应用成果的支撑下，土壤详查建立了针对农用地详查与企业用地调查全过程的质量控制体系（图 2-3）。

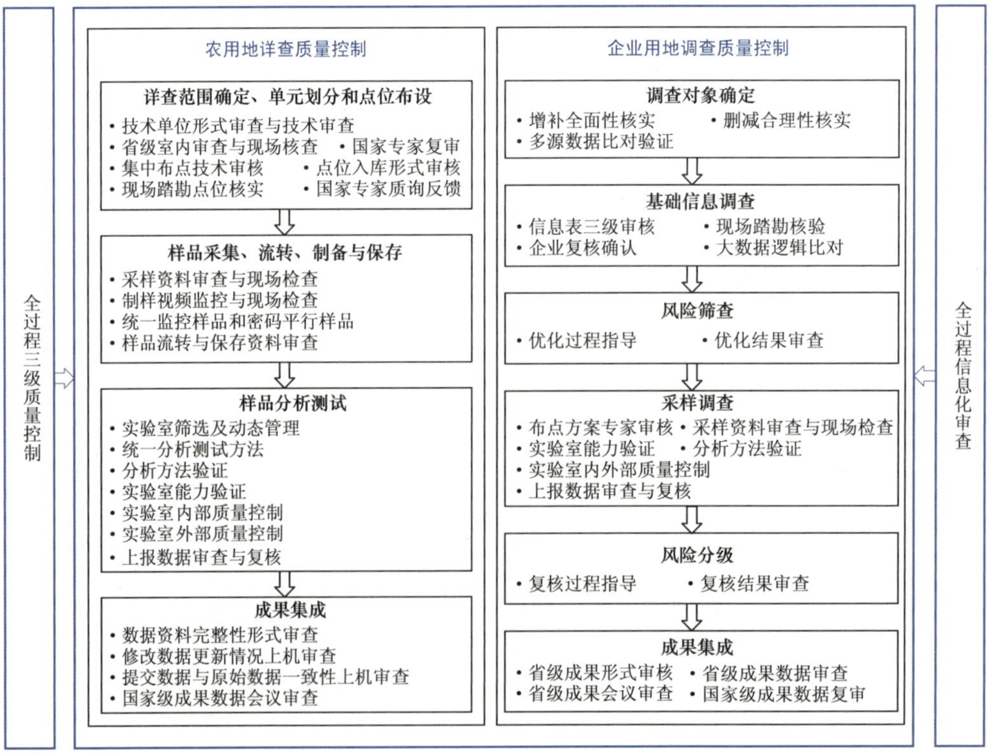

图 2-3 土壤详查全过程质量控制体系

2.2 质量管理工作机制

2.2.1 建立会商沟通机制

在土壤详查工作过程中，为加强各国家级质量控制实验室（质量控制工作团队）、国家级质量控制专家组之间的沟通协调，总结土壤详查质量控制工作进展，研究解决工作中存在的突出问题，部署下一步工作任务，持续推进土壤详查质量管理工作，建立了定期会商沟通机制。

农用地详查在国家层面建立了国家级质量控制实验室和质量管理责任专家联席会议机制。根据工作需要召开联席会议，会商农用地详查质量管理工作中出现的突出问题，协调推进农用地详查质量管理工作，强化质量监督检查力度，确保农用地详查工作有序推进。联席会议审议了多轮专项质量监督检查工作安排；制定并审议通过了多项技术文件；形成了问题突出省份和任务单位清单，界定了数据质量核查中严重质量问题；明确了农用地详查系统中外部质量控制样品的检测控制限值、数据上报审核过程和要求、农产品样品制备等技术要求和疑难问题对策，调整了土壤有机质和阳离子交换量分析测试精密度和准确度的允许范围等。

企业用地调查工作中，建立了由全国详查办与主要技术支撑单位的工作联席会机制和国家级质量控制专家组工作会议机制，前者由全国详查办组织召开，后者由国家级质量控制牵头单位组织召开。工作联席会和专家组工作会议会商确定了企业用地调查质量保证与质量控制工作中的关键技术问题，建立了国家级质量控制专家组与地方专家之间以帮扶为目的的沟通交流机制，统一了质量控制专家的质量控制尺度，优化了线上质量控制检查的工作模式，形成并审议了数据上报系统中密码平行样分析结果比对设置要求，形成并完善了采样质量控制工作手册等。

专栏 1 联席会会商沟通机制

农用地详查期间，全国详查办根据工作需要组织召开 6 期联席会议；企业用地调查期间，全国详查办组织召开 12 次工作联席会，国家环境分析测试中心组织召开 5 次国家级质量控制工作组工作会议。相关会议邀请来自生态环境部、自然资源部和农业农村部部属主要技术支撑单位的相关专家，联合北京大学、清华大学、中国科学院等高等学校和科研院所的专家力量，以及各省（区、市）质量控制实验室质量管理责任专家等参与研讨，参会专家累计超过 600 人次。

专栏 2　小麦制样“问诊把脉”

全国土壤污染状况详查国家级质量控制实验室联席会议第三次会议，针对地方普遍反映的小麦样品制备过程中存在的技术及质量控制问题，来自农业农村部相关技术单位的4位专家与参会人员进行深入探讨，共同为小麦制样“问诊把脉”，最终确定小麦样品粗制备、除虫、细磨、过筛等环节的操作流程及注意事项，为地方规范开展小麦样品制备、确保农产品分析测试数据准确可比奠定基础。

专栏 3　统一质量控制审核尺度

企业用地调查信息采集国家级质量控制抽查线上审核工作研讨会于第一轮次线上审核完成后召开，来自国家质量控制工作团队的15个国家级质量控制专家组组长参会。与会专家充分交流了地方基础信息调查及线上审核工作中存在的问题，还针对填表说明样例下发、问题反馈的语言表达一致性、国家级质量控制团队与地方技术团队对接、对不合格与资料不支撑的审核结果判定标准等问题达成了一致。会议进一步统一了线上审核的质量控制尺度，为促进对地方质量控制工作的帮扶指导、督促地方积极补齐线上资料、更好开展线上审核工作夯实了基础。

2.2.2　建立分工负责机制

土壤详查分工负责机制包含相关单位和专家两个层面。

（1）单位层面

全国详查办负责土壤详查工作质量的统一管理，国家级质量控制牵头单位负责土壤详查质量管理的整体技术牵头和具体推动实施，根据不同环节的技术要求不同，由不同的国家级质量控制单位负责相应环节的质量控制工作。其中，农用地详查工作中，土壤样品相关质量监督检查工作由各国家级质量控制实验室分工负责，农产品样品相关质量监督检查工作由农业农村部技术支撑单位负责；企业用地调查工作中，基础信息调查环节和采样调查分析测试子环节主要由国家环境分析测试中心负责，风险筛查、风险分级和成果集成环节主要由生态环境部土壤与农业农村生态环境监管技术中心负责，采样调查布点方案编制子环节和现场采样子环节主要由生态环境部南京环境科学研究所负责，调查对象确定和空间信息调查环节主要由生态环境部卫星环境应用中心负责。

（2）专家层面

针对各地在不同工作环节中展现的特点，国家级质量控制专家组对各地开展了对口帮扶、分类施策。农用地详查时，全国详查办为每个省（区、市）指定一名质量管理责任专家，负责与省级质量控制实验室进行沟通、协调，并跟踪、督导责任省（区、市）农用地详查质量管理工作；企业用地调查时，国家级质量控制专家组采用组长负责制，分工负责指定省（区、市）或新疆生产建设兵团的企业用地调查技术指导与质量监督检查工作。各国家级质量控制专家组在肩负指导提升地方工作质量重要职责的同时，也负责向全国详查办及时传递地方工作质量情况。

专栏 4　上传下达的纽带桥梁

国家级质量控制专家组一方面肩负指导提升地方工作质量的重要职责；另一方面也负责向国家级质量控制工作组及时传递地方工作质量情况。在企业用地调查年度工作推进会上，各国家级质量控制专家组组长详细介绍了质量控制试点检查省份工作中存在的问题及对国家级质量控制工作的建议，进一步完善了质量控制检查工作要求。

2.2.3　建立质量调度评估机制

为引导地方充分重视土壤详查工作质量与进度，全国详查办制订土壤详查质量保证与质量控制工作计划，并建立周调度、月评估机制。

在农用地详查过程中，为充分引导地方关注核心评价指标报送进度与质量，全国详查办以农用地详查核心评价指标为抓手，每周向各省（区、市）和新疆生产建设兵团及时通报表层土壤、农产品、深层土壤样品分析测试数据上传进度及外部质量控制样品不合格率，有效促进各地及时了解并整改农用地详查数据上报环节存在的进度与质量问题。

在企业用地调查过程中，全国详查办以调查对象核实增补、信息采集、风险筛查与风险分级、采样调查、成果集成等各环节的工作进度、线上抽审质量控制结果等对地方工作进行评估排名通报，督促地方工作进度和工作质量。

除开展上述例行调度评估之外，在工作启动及结束等产生较多变化的阶段，全国详查办还有针对性地开展线下调度，如通过下发调度表等形式，要求各省级质量控制牵头单位报告工作进展情况，建立了对省级质量控制牵头单位的调度工作机制。

专栏 5　周调度，月评估

在农用地详查过程中，全国详查办编制并发布《全国农用地土壤污染状况详查分析测试与质量管理统计周报》共 30 期。在企业用地调查过程中，全国详查办针对基础信息调查环节编制并发布《重点行业企业用地土壤污染状况调查进度周报》共 14 期、《重点行业企业用地土壤污染状况调查进度双周报》共 10 期；针对采样调查环节编制和发布《重点行业企业用地土壤污染状况调查工作简报》共 43 期，《重点行业企业用地土壤污染状况调查质量控制工作周报》共 17 期。此外，还编制和发布《重点行业企业用地土壤污染状况调查工作进展评估月报》共 4 期。周调度、月评估机制有效推动了详查工作按时、保质完成。

2.2.4　建立数据定期分析及可疑数据溯源分析机制

为保障土壤详查数据质量，全国详查办组织专家团队运用大数据等技术手段，利用土壤详查信息管理系统定期开展对土壤详查数据质量的分析和研判，并及时将发现的可疑数据反馈至省级质量控制实验室或质量控制牵头单位，督促其进一步开展数据溯源分析，及时发现并解决土壤详查实验室在数据产出和上报过程中存在的各类质量问题，确保土壤详查上报数据规范、准确。

2.2.5　建立质量监督检查与反馈机制

土壤详查建立了“有检查必反馈”的质量监督检查工作机制。质量监督检查一般采取质量管理责任专家或质量控制专家组组长负责制。质量管理责任专家或质量控制专家组根据土壤详查质量保证与质量控制工作计划，对其负责省（区、市）的土壤详查工作质量进行包括技术指导、监督检查、飞行检查、资料审核、数据核查等各项质量监督检查，具体工作方式上又分为现场检查、线上抽审等。对质量监督检查中发现的相关质量问题，由质量管理责任专家或质量控制专家组组长负责提出反馈意见，采用现场座谈反馈、正式书面反馈、线上意见反馈等多种形式向地方有关责任单位和省级质量控制实验室或质量控制牵头单位反馈，并报全国详查办备案。

专栏 6 全覆盖的质量监督检查

农用地详查第二轮质量监督检查工作主要由全国土壤污染状况详查工作办公室相关副主任等司局级领导带队，实现了对 31 个省（区、市）及新疆生产建设兵团的全覆盖、详查工作各环节的全覆盖、详查技术支撑单位的全覆盖以及第一轮质量监督检查问题反馈的全覆盖。在实际工作中，各质量控制组组长直接与地方分管厅（局）领导沟通并提出工作要求，引起地方有关管理部门的高度重视，有效推动了省级详查质量管理组织协调与工作部署。检查结束后，全国详查办及时召开主任办公会议，总结梳理问题、经验，同时对后续飞行检查工作进行部署。

专栏 7 实验室飞行检查

企业用地调查期间组织开展了两轮次实验室飞行检查。

第一轮飞行检查于分析测试工作刚刚开展时进行，共抽查了 6 个省（区、市）19 家检测实验室，检查重点是实验室开展企业用地调查样品分析测试质量管理体系及应用分析方法的有效性和内部质量控制规范性。

第二轮飞行检查于各地基本完成分析测试任务时进行，共抽查了 24 个省（区、市）31 家检测实验室，重点对实验室已上报数据的真实性、一致性和有效性进行溯源检查，包括检查实验室记录、仪器原始数据、内部质量控制的符合性等。

两轮检查发现的问题均第一时间反馈给各省级质量控制实验室，并由省级质量控制实验室负责跟踪完成对责任实验室的问题整改闭环。国家开展飞行检查的同时，各省份均开展了省级飞行检查工作。

2.3 质量管理保障措施

2.3.1 建立信息化管理平台

在农用地详查过程中，全国详查办组织专业团队开发土壤详查实验室管理系统、农用地详查手持终端与信息管理系统（含采样、制备、流转、分析测试、质量控制终端）、检测数据质量控制与上报系统、农用地详查数据库与信息管理系统、全国土壤污染状况详查答疑平台等信息化平台。在农用地详查工作期间，结合农用地详查工作需要动态调整，优化用户体验。通过建立各省（区、市）和新疆生产建设兵团点对点支撑服务模式，及时跟进省级质量控制实验室及各检测实验室需求，进一步理顺检测实验室数据上传、省级质量控制实验室数据导入及审核、国家级质量管理信息统计汇总等工作流程并予以实现，有效支撑了全过程质量管理工作。

在企业用地调查过程中，采用创新质量控制技术手段，基于“互联网+”和网络数据库技术，运用信息系统和手持终端，开展企业用地调查数据审核工作。企业用地调查系统与手持终端包括两个系统和三个终端软件，分别为信息管理系统、数据库系统、企业用地调查信息采集手持终端、企业用地调查样品采集手持终端、企业用地调查实验室测试手持终端。信息系统和手持终端的使用实现了企业用地调查全过程信息化质量管理，在调度各地工作进展、确保各环节严格执行技术规定、按时保质完成任务等中发挥了重要作用。

2.3.2 组织研制土壤详查统一监控样

借鉴国内外土壤环境调查研制内部标准物质和定值质量控制样品的经验，土壤详查在项目启动之初，专门针对农用地详查核心检测指标组织生态环境、自然资源和农业农村三部门部属标准物质主要研制单位分介质、分批次、分浓度梯度研制了土壤 4 项理化性质（pH、有机质、机械组成、阳离子交换量）、8 项重金属总量及可提取态、水溶性氟化物、多环芳烃、石油烃（C_{10}～C_{40}）总量和大米粉、小麦粉中 8 项重金属总量总计 11 种 62 批次土壤详查统一监控样。这些统一监控样在定值后由国家级质量控制实验室根据农用地详查质量控制实际需求免费向各省级质量控制实验室提供，有效保证了农用地详查样品分析测试数据的正确度。

专栏 8　组织研制统一监控样品

针对农用地详查核心检测指标，全国详查办组织国内权威标准物质研制单位，赴全国 31 个省（区、市）采集了不同土壤类型的土壤原料样品，经严格的样品制备后，组织多家国内技术水平较高的实验室使用《全国土壤污染状况详查土壤样品分析测试方法技术规定》中规定的分析方法开展样品的协作定值分析，确定指定值与质量控制限值，免费向各省级质量控制实验室提供。

2.3.3　筛选与管理任务承担单位

全国详查办统一组织筛选了承担农用地详查质量控制任务的国家级质量控制实验室、省级质量控制实验室以及样品分析测试任务检测实验室，农用地详查其他任务承担单位主要由各省级详查主管部门通过任务委派或招（投）标的方式确定；企业用地调查的任务承担单位由省级详查主管部门直接筛选或指导市级相关部门组织筛选，筛选方式以任务委派和招（投）标为主。

2.3.3.1　农用地详查实验室筛选

国家级质量控制实验室由生态环境部会同自然资源部、农业农村部推荐产生；省级质量控制实验室由省级生态环境部门会同自然资源、农业农村部门推荐产生。国家级和省级质量控制实验室名录经三部门批准后发布。检测实验室由省级生态环境部门会同自然资源、农业农村部门推荐产生，检测实验室筛选工作大体分为初步筛选、国家统一筛选、实验室名录发布等阶段。

初步筛选阶段由生态环境部、自然资源部、农业农村部、各省（区、市）和新疆生产建设兵团根据《全国土壤污染状况详查实验室筛选技术规定》有关要求自行组织并实施完成。三部门推荐了国家级质量控制实验室和部属检测实验室；31 个省（区、市）和新疆生产建设兵团推荐了省级质量控制实验室与本行政区的检测实验室。

国家统一筛选阶段主要由全国详查办委托国家级质量控制实验室组织实施，对所有通过资料审核的检测实验室开展包括土壤重金属、土壤多环芳烃和农产品重金属检测领域专项能力验证样品考核，并同步进行土壤样品和农产品样品制样考核。同时，由三部门专家分组前往部分检测实验室进行包括能力验证样品考核在内的现场审核，最后根据专家审核结果和能力验证样品考核结果，综合确定全国土壤详查检测实验室推荐名录。

2.3.3.2　企业用地任务承担单位筛选

针对企业用地调查专业性强、技术要求高的特点，全国详查办对任务承担单位筛选提出了原则性要求，各省（区、市）和新疆生产建设兵团根据当地企业用地调查工作实际情况发布任务承担单位筛选技术文件，指导本行政区开展相关工作。通过省级直接筛选和省级指导市级筛选等方式，筛选出承担企业用地调查基础信息调查、采样调查、样品分析测试等相关工作的专业机构，建立并发布专业机构的推荐名录或者通过招（投）标方式确定任务承担单位。各省（区、市）和新疆生产建设兵团根据本行政区内实际情况采用了以下三种筛选模式：

（1）“一包到底”模式

部分省（区、市）按照行政区域分包件开展企业用地调查任务承担单位招标模式，要求同时明确基础信息调查和采样调查工作内容，采用“调查—布点—采样—分析测试”全过程“一包到底”的实施模式，鼓励由调查评估单位和检测实验室组成的联合体专业机构投标，并充分考量其机构实力、专业能力和相关业绩，由调查评估单位和检测实验室组成的联合体的第三方专业机构作为调查工作的实施主体。

（2）公开招标“采测分离”模式

部分省（区、市）在“调查—布点—采样”子环节由各级生态环境主管部门公开招标，分析测试子环节由省级环境监测中心（站）组织实施，通过报名实验室资料审核、实验室现场检查、盲样考核等多种形式进行筛选，形成推荐实验室名录供辖区内使用。

（3）推荐委派“采测分离”模式

部分省（区、市）采用“调查—布点—采样”子环节的专业机构由省级生态环境主管部门推荐或委派，分析测试子环节的检测实验室由省级环境监测中心（站）组织实施筛选。

2.3.4 加强人员理论与实操培训

在全国详查办的统一组织下，通过多层级、全过程技术培训，使各级管理部门和任务承担单位及时掌握土壤详查工作管理要求和技术方法，为土壤详查质量管理体系的有效运行提供了保障；使技术人员熟悉工作要求、掌握技术要点、明确质量控制要求，明确要求任务承担单位的每个工作小组至少有一人参加过相关培训；建立起专业化、规范化的专家队伍，在国家层面形成完备的技术与质量管理专家团队，省级层面组建了具备专业素质的详查队伍。

农用地详查期间，全国详查办组织专家结合系列技术规定编制了讲义教材，录制了土壤和农产品采样实操视频教材，组织开展了理论和实操培训，拍摄并下发分析测试与质量管理授课视频、农用地详查实操教学视频。针对样品分析测试环节存在的技术短板以及部分检测指标存在问题样包较多的情况，全国详查办抽调精锐技术力量，组织开展了分析测试实操培训，分别涵盖了土壤有机物（多环芳烃和石油烃）、土壤重金属、农产品重金属和土壤重金属可提取态等关键指标，受到了受训学员的一致好评，取得了预期成效。此外，国家级质量控制实验室通过组织召开全国农用地详查质量保证与质量控制技术研讨会和工作会议，对责任专家和省级质量控制实验室主要技术人员进行了质量管理相关培训，并组织国家级专家赴各省（区、市）和新疆生产建设兵团开展了农用地土壤和农产品样品采集、制备、流转、保存、分析测试以及质量保证与质量控制相关技术培训。

企业用地调查期间，全国详查办组织主要技术支撑单位以技术文件为核心，紧密结合企业用地调查工作进度安排，针对不同环节培训需求，设计了全过程的专题技术培训，组织专家编制形成培训文本类、授课视频类、技术操作视频类 3 大类培训教材。结合各地调查工作进展和阶段工作需求，采取集中、分批相结合的方式，组织各环节的专题培训，根据各期培训内容特点，采用课堂讲解、分组实操演练、现场观摩、座谈交流、现场考核等多样化的培训方式，力求培训取得实效。积极组织开展线上网络授课培训，对在疫情防控期间加快推进企业用地调查工作发挥了积极作用。

专栏 9　创新培训形式　提升培训实效

企业用地调查期间，全国详查办先后两次举办重点行业企业用地土壤污染状况调查工作推进和质量管理培训班。两次培训均采取了现场示范与室内培训相结合的形式，首先组织现场观摩学习土壤及地下水样品采集操作、样品采集及分析测试质量控制管理的组织与实施；再通过授课讲解企业用地调查质量控制管理体系建设、布点、采样、测试环节的质量控制要点和常见问题。现场观摩培训强化了质量控制专家的参与感，促使其深入理解培训内容，提高其对采样调查环节质量控制工作的理解与认识，确保采样调查环节的数据质量。

2.3.5　加强检测实验室能力保障

为保证土壤详查实验室具备足够的样品分析测试能力，提供高质量的样品分析测试数据，对承担农用地详查和企业用地调查样品分析测试任务的检测实验室，统一要求各检测实验室在正式开展土壤详查样品分析测试任务之前，均要按照土壤详查质量保证与质量控制要求开展分析方法验证，完成对其所选用分析方法的检出限、测定下限、精密度、准确度、线性范围等各项特性指标的检测能力确认，并形成相关质量记录。各省级质量控制实验室负责对本辖区所有检测实验室的方法验证工作进行审核确认，未通过省级质量控制实验室审核确认的检测实验室不能开展土壤详查样品的分析测试任务。

为跟踪和监控实验室的检测能力，全国详查办有计划地组织开展了一系列实验室能力验证计划。在农用地详查工作中，选择核心检测指标，先后组织实施了土壤中总镉、土壤中可提取态镉、农产品中总镉、土壤 pH、土壤中多环芳烃 5 项检测能力验证计划。对能力验证计划中出现不满意结果的检测实验室，由省级质量控制实验室负责进行监督整改直至闭环，保障了农用地详查实验室的检测能力。在企业用地调查工作中，考虑到大部分实验室已参加过农用地详查土壤样品分析测试工作，以检测难度较大的重金属和挥发性有机物（VOCs）检测为重点，先后组织开展了3轮次检测实验室能力验证计划，其中第一轮次为地下水中镉和铅检测，第二轮次为地下水中苯、甲苯、三氯甲烷、四氯化碳检测和土壤中铜、镍检测，第三轮次为地下水中汞检测、土壤中苯并[*a*]蒽和苯并[*a*]芘检测。对于各轮次能力验证计划中出现不满意结果的检测实验室，均由省级质量控制牵头单位暂停有关检测实验室开展企业用地调查样品分析测试工作，直至其完成整改闭环后方可恢复。

此外，在农用地详查期间，土壤和农产品有证标准物质市场出现了前所未有的供不应求状态，严重影响了土壤详查实验室内部质量监控措施的有效实施。为此，全国详查办积极协调生态环境、自然资源和农业农村三部门部属标准物质主要研制单位，采取非常规措施，协调有关研制单位保证农用地详查急需有证标准物质的平价供应，确保了各检测实验室能够按照土壤详查要求开展样品分析测试过程内部质量控制。

专栏10　统一调度标准物质

随着农用地详查样品分析测试工作全面启动，国内有证标准物质需求量剧增，市场呈现供不应求的状态，加之部分中间商恶意采购、高价转卖，严重影响了标准物质市场的稳定运行，对农用地详查的有序推进造成了极大的干扰。

对此，全国详查办积极协调国内标准物质主要研制单位，确保标准物质市场供应，同时根据各省（区、市）土壤详查样品分析测试任务量核算，向地方平价定额提供土壤pH等一系列急缺的标准物质。

最终，通过行政手段顺利解决了标准物质价格飞涨对农用地详查实验室内部质量控制工作造成的干扰，为农用地详查工作顺利推进奠定了坚实的基础。

2.3.6　强化国家对地方的技术指导与监督检查

农用地详查期间，结合不同阶段的工作特点，全国详查办组织国家级专家对各省（区、市）和新疆生产建设兵团开展了包括调研督导、监督检查、专项检查、飞行检查、数据质量核查等在内的质量监督检查，有的放矢，精准发力，边做边查，边查边改，确保了农用地详查全过程、各阶段的工作质量（表2-3）。

表 2-3　农用地详查国家级质量监督检查一览表

序号	检查名称	工作阶段及目的	工作重点	意见反馈方式	检查效果
1	质量管理准备工作调研督导	省级农用地详查工作全面启动前，对农用地详查质量管理工作准备情况进行调研	(1)省级土壤详查质量管理体系准备情况，涉及省级质量控制实验室工作准备、省级质量管理工作机制建设运行与工作方案制定、省级质量管理人员队伍、农用地详查技术及质量管理人员培训准备等； (2)省级土壤详查质量管理配套支撑准备情况，涉及采样单位、流转中心、制样中心、检测实验室等任务承担单位质量管理工作安排	发现的质量管理问题由各调研督导组现场直接反馈，并在全部调研督导工作完成后通过统一的调研督导简报向各省级农用地详查管理部门集中进行反馈	有力地推动了省级农用地详查质量管理工作进度
2	第一轮质量监督检查	农用地详查工作全面启动后，督促各地严格按照土壤详查技术规定及管理要求开展相关工作	对省级质量管理体系的有效性以及各环节工作的合规性进行全面检查	将发现的问题通过现场指导和会议总结的形式反馈省级详查办及省级质量控制实验室；现场检查结束后，撰写质量监督检查反馈意见，同典型问题清单一起反馈至各省(区、市)	排查了农用地详查工作中存在的潜在系统风险，推动了农用地详查工作规范开展
3	第二轮质量监督检查	各地农用地详查陆续进入样品分析测试与数据上报阶段后，进一步排查质量管理工作中存在的突出问题，掌握已有问题的整改落实情况，帮助地方打通分析测试和数据报送环节工作链条	对农用地详查工作各环节的全覆盖、农用地详查技术支撑单位的全覆盖以及第一轮质量监督检查反馈问题的全覆盖	检查中发现的问题以生态环境部办公厅便函形式及时反馈省级详查办与省级质量控制实验室	数据上报率提高；质量整改稳步推进，外部质量控制不合格率下降

序号	检查名称	工作阶段及目的	工作重点	意见反馈方式	检查效果
4	农产品专项检查	针对小麦成熟期较为集中，协同采样存在无法在收割期顺利完成的风险，对工作量占比较大以及农时较为紧迫的省（区、市）开展	督促各相关省（区、市）规范执行小麦样品采集、制备、流转及保存相关技术规定及要求，重点检查小麦样品采集工作的组织保障、采集制备流转和保存等环节的合规性以及是否同步开展了质量保证与质量控制	检查过程中发现的问题，检查组通过现场交流及会议总结等形式及时反馈省级详查办及省级质量控制实验室	协同调查点位样品采集工作均在收割期内顺利完成，检查中发现的质量问题也得到了及时整改闭环
5	问题整改飞行检查	巩固前期质量监督检查成果，确保各省（区、市）和新疆生产建设兵团按时保质完成农用地详查工作	重点检查受检单位已有问题整改情况、问题样包复测情况及复测数据质量	通过现场交流的方式将发现的问题反馈省级详查办及省级质量控制实验室；现场检查结束后，撰写质量监督检查反馈意见，以土壤生态环境司便函的形式反馈相关省（区、市）土壤详查主管部门	相关省份整改效果基本满意
6	数据质量核查	确保农用地详查数据质量，有效支撑农用地详查成果集成工作	包括发函督办与反馈以及现场抽查两个阶段：前者包括对数据上报系统中强制提交样包的逐一核查、质量控制实验室组织检测实验室对上报数据进行核查；后者主要考查并确认数据产生过程的符合性	以土壤生态环境司便函的形式反馈检查发现的问题	通过资料整理、数据复测等手段对相关问题进行了复核，切实提升和保障了农用地详查数据的质量
7	省级农用地详查成果数据质量核查	确保各省（区、市）和新疆生产建设兵团农用地详查成果数据质量	包括初步技术审查和专家会议审查（复查）两个阶段：前者重点检查成果资料完整性、数据准确性、表达规范性和结论合理性四个方面；后者重点检查初步技术审查反馈问题及省级自查发现问题的整改落实情况，并针对报告的写作质量形成综合的技术审查意见	梳理汇总了农用地详查成果中存在的普遍问题，以土壤生态环境司便函的形式全面反馈，并组织了农用地详查报告编写培训班	经过层层把关、严格审查，最终实现了质量闭环，确保了农用地详查成果质量

企业用地调查期间，根据各地技术基础较薄弱的特点，全国详查办组织国家级专家对各地上报的基础信息调查表、布点采样方案、采样资料、实验室检测报告等，通过土

壤详查信息系统持续开展线上抽审，并结合不同阶段的工作特点适时开展了一系列现场技术指导和质量监督检查，全面保障企业用地调查全过程、各阶段的工作质量（表 2-4）。

表 2-4　企业用地调查国家级质量监督检查一览表

序号	检查名称	频次	工作阶段及目的	工作重点	意见反馈方式	检查效果
1	基础信息调查和采样调查资料线上抽审	42	动态跟踪各省（区、市）和新疆生产建设兵团土壤详查工作质量与质量控制审核进度、克服新冠疫情对土壤详查质量控制工作的影响	依据技术规定、质量控制工作手册的技术要点，对基础信息调查上报的调查表、采样调查上报的布点采样方案、采样记录、实验室资质与能力及上报的检测报告和质量控制报告等开展线上资料抽审	由全国详查办向地方反馈国家级专家审核意见	达到了压力传导、监督帮扶的目的，促进了各地技术水平的提高和工作质量的提升
2	基础信息调查技术指导和监督检查	3	基础信息调查工作初始阶段，促使任务承担单位充分认识到基础信息调查工作的重要性；基础信息调查全面铺开阶段，基于线上资料抽审结果，督促工作成效较差省（区、市）的任务承担单位按照技术规定持续提升基础性调查工作质量；基础信息调查工作基本结束、采样调查准备开始的承上启下阶段，对前一段工作的质量进行全面的回顾与检查	开展信息采集质量控制技术指导，宣贯全国详查办最新技术要求、督促问题整改闭环	向省级详查办下发反馈意见，对个别进度滞后的省（区、市）下发督办函	提升了地方质量控制工作认识与调查表填报质量
3	采样调查技术指导和监督检查	2	现场采样工作开展之初，帮助各任务承担单位尽快打通样品采集制备流转和保存全链条，提高相关工作质量；进入样品分析测试与数据上报阶段，了解各省采样调查工作总体进展，帮助地方打通分析测试和数据报送环节工作链条	指导地方规范开展布点方案编制、现场采样质量控制和实验室分析方法验证；指导地方规范开展采样质量控制、样品分析测试和数据上报	向省级详查办下发反馈意见	加快了采样调查工作进度，提升了采样调查工作质量

序号	检查名称	频次	工作阶段及目的	工作重点	意见反馈方式	检查效果
4	实验室飞行检查	2	全面考察实验室内部质量控制机制落实情况，确保分析测试按照技术规定要求顺利开展	实验室质量管理体系、应用分析方法的有效性、内部质量控制规范性；对已上报数据的真实性、一致性和有效性进行溯源检查，包括检查实验室记录、仪器原始数据、内部质量控制的符合性等	现场反馈给各省级质量控制牵头单位；现场结束后以土壤生态环境司便函的形式反馈相关省（区、市）详查办	督促相关省（区、市）完成了工作整改闭环，确保了分析测试工作质量
5	风险筛查与风险分级技术指导	2	确保风险筛查与风险分级调整优化的过程规范、结果合理，针对风险筛查与风险分级分别开展	对风险筛查和风险分级调整优化的工作过程进行规范指导，强化各地对风险筛查调整优化工作的正确认识，实操指导技术人员掌握风险筛查和风险分级调整优化的工作方法	现场反馈给各省级质量控制牵头单位；现场结束后以土壤生态环境司便函的形式反馈相关省（区、市）详查办	梳理并解决了地方在工作中遇到的技术问题，确保了风险筛查与风险分级调整优化的过程规范、结果合理
6	成果集成技术指导	1	确保成果集成所用数据已经过质量检验、完成整改闭环，指导地方更好地抓住重点，梳理全流程工作的措施手段与效果、总结工作经验与改进建议、突出工作亮点与创新	针对成果集成数据统计、图件加工制作、重要成果和关键问题分析、成果集成难点进行调研指导	现场反馈给各省级质量控制牵头单位	提升地方数据分析能力和集成报告质量

专栏 11　有效组织技术指导与监督检查

为避免“走马观花”式的技术指导与监督检查，全国详查办在组织相关工作时，一方面分省准备调研函，商请地方相关单位做好配合；另一方面为质量控制专家准备充分的行前资料，包括但不限于之前的监督检查反馈意见、整改报告，异常数据清单（异常点位、不合格外部质量控制样品），全国月度评估报告、进度周报，省份自查表、自评估表，实验室能力调度表等，供专家组参考。同时编制质量监督检查作业指导书，协助专家对可能导致质量问题的潜在风险查细、查实，切实掌握地方详查工作中存在的质量问题，有效推动问题整改，确保详查工作质量。

第3章　质量保证与质量控制技术和方法

在系统调研国内外土壤环境调查采用的各项质量保证与质量控制技术和方法的基础上，针对土壤详查工作特点，将移动互联网、物联网终端、二维条码、定位导航、地理信息系统、视频监控、网络数据库等现代科学技术最新发展成果充分运用到土壤详查全过程质量管理实践中，对土壤环境调查各项质量保证与质量控制技术和方法进行了一次全面、系统化集成创新，形成了包括实验室能力质量保证、样品采集制备与分析测试过程质量控制、地块基础信息调查质量控制、调查数据与信息质量管理等一套完整的土壤环境调查质量保证与质量控制技术和方法。

3.1　实验室能力质量保证

实验室在土壤详查工作中承担着非常重要的样品分析测试任务，实验室的技术能力和管理水平直接影响着土壤详查样品分析测试数据质量。因此，筛选具备足够能力的实验室是土壤详查准备工作阶段开展的一项重要工作。针对筛选出的实验室，按照土壤详查统一的样品分析方法，开展分析方法验证是土壤详查准备工作阶段开展的另一项重要工作。实验室在完成分析方法验证之后，通过专项能力验证可进一步证实和监控实验室的组织管理与技术能力。

3.1.1　实验室筛选方法

3.1.1.1　土壤详查实验室的分类与职责

土壤详查实验室包括国家级质量控制实验室（国家级质量控制工作团队）、省级质量控制实验室（省级质量控制单位）和检测实验室。国家级质量控制实验室（国家级质量控制工作团队）负责组织对各省（区、市）土壤详查质量保证与质量控制工作进行技术指导、监督检查和考核评估。省级质量控制实验室（省级质量控制单位）全面负责本辖区土壤详查质量管理工作，按照土壤详查相关技术规定和管理要求，组织开展本辖区土壤详查样品采集、制备、保存、流转、分析测试等全过程质量管理与监督检查工作，编制本辖区土壤详查质量保证与质量控制报告，参与全国详查办组织的土壤详查质量管理监督检查。检测实验室依据土壤详查相关技术规定和管理要求，负责开展样品的制备、分析测试及内部质量保证和质量控制，并在规定时间内提交检测报告、检测结果、内部质量控制数据和质量自评估报告等。

3.1.1.2 入选实验室基本要求

针对土壤详查工作任务量大、时效性强、质量要求高等特点，同时为鼓励有能力的第三方实验室广泛参与，综合考虑参与实验室数量与质量管理工作难度的关系，土壤详查需通过筛选对参与实验室的数量和基本能力进行适当控制，以保证土壤详查工作的质量与进度。土壤详查对检测实验室的筛选主要从以下七个方面进行评估。

1）实验室应建立并有效运行质量管理体系，持有国家或省（区、市）市场监督管理部门颁发的《检验检测机构资质认定证书》或中国合格评定国家认可委员会颁发的《实验室认可证书》，且被批准的能力范围至少涵盖土壤和农产品或土壤和地下水两个检测领域。

2）实验室应具有与所申请承担的土壤详查任务相适应的工作经历，在近 3 年内开展了与所申请承担土壤详查任务相关的检测活动，并提交了过去 3 年内参加的、与所申请承担土壤详查任务相关的能力验证和实验室间比对活动的证明材料。

3）实验室应具有与所申请承担土壤详查任务相适应的管理人员和专业技术人员，技术能力和人员数量应能满足土壤详查分析测试任务的需要，且土壤详查期间技术人员基本稳定。

4）实验室应具有固定的检测场所，检测区域有明显标识并与其他区域相互隔离。仪器设备及标准物质数量充足且符合详查技术要求，与检测结果准确性及有效性相关的仪器设备在使用前须进行计量检定或校准。

5）实验室应能按照土壤详查技术规定要求完成其承担的分析测试任务，所选用的分析方法应在本实验室进行方法验证，并形成满足方法检出限、精密度、正确度等质量控制要求的相关记录。

6）实验室应能按土壤详查技术要求制订和实施内部质量控制计划，实施全过程质量控制，并建立实验数据和检测报告的质量审核制度，指定数据审核人员和报告的编制、审核及签发人员。

7）实验室法定代表人或最高管理者应签署“自我声明”，承诺遵守土壤详查相关技术规定、管理要求和保密规定。

质量控制实验室（质量控制单位）除上述要求外，还应是政府所属的公益性事业单位，具有在本省（区、市）内开展实验室质量管理的丰富经验和良好信誉，具备土壤详查全流程技术指导、技术培训、技术管理以及检测结果出现争议时组织开展仲裁分析的能力。

3.1.1.3　筛选流程

土壤详查实验室根据农用地详查和企业用地调查的工作需要分别进行筛选。

（1）农用地详查实验室筛选流程

1）由全国详查办向社会发布土壤详查实验室征集公告，实验室根据公告要求向有关管理部门提交正式书面申请。凡符合入选实验室基本要求的单位，均可申请承担土壤详查任务。

2）各省级土壤详查管理部门按照《全国土壤污染状况详查实验室筛选技术规定》有关要求，组织专家采用文件资料审查与实验室现场检查相结合的方式对申请单位进行符合性审查，并对通过符合性审查的申请单位进行综合打分排序后形成初步筛选结果上报全国详查办。

3）全国详查办对各省（区、市）上报推荐的检测实验室进行专项能力验证样品考核，同时组织专家对实验室申报材料进行复核，对有疑问的实验室进行现场复核，根据能力验证样品考核结果和专家复核结果综合评审确定土壤详查实验室推荐名单。

（2）企业用地调查实验室筛选流程

1）全国详查办选择具有场地污染调查经验的生态环境部直属单位和部分地方环科院组建国家级质量控制工作团队，各省级土壤详查管理部门选择一个或多个具有场地污染调查经验的技术支撑单位组成省级质量控制单位。

2）各省级土壤详查管理部门按照《全国土壤污染状况详查实验室筛选技术规定》的有关要求，结合本省（区、市）企业用地调查组织实施模式，筛选确定符合要求的检测实验室。

3）各省（区、市）筛选确定的省级质量控制单位和检测实验室统一报送全国详查办备案。

3.1.2 分析方法验证技术

分析方法验证是指实验室对拟采用的分析方法标准，通过核查提供客观有效证据证明其满足方法标准规定的要求，即证实所用方法能在实验室现有的设施设备、人员、环境等条件下获得令人满意的结果。土壤详查将分析方法验证作为实验室分析测试能力质量保证的重要技术措施加以落实。检测实验室做好分析方法验证这项基础工作，对保持实验室的检测能力和技术水平至关重要。

3.1.2.1 分析方法验证的总体要求

分析方法验证的总体要求包括以下六个方面：

（1）技术能力验证

实验室在初次使用方法标准之前，应对拟使用的分析方法进行技术能力验证。验证内容主要包括应用该分析方法涉及的人员培训和技术能力、设施和环境条件、采样（适用时）及分析仪器设备、试剂材料、标准物质、原始记录和检测报告/监测报告格式、方法性能指标（如检出限、校准曲线、测定范围、精密度、正确度、不确定度）等。

（2）对方法掌握的熟悉程度

在开展分析方法验证前，参加验证的实验人员应熟悉和掌握分析方法原理、操作步骤及流程，确保用于分析方法验证的仪器设备按规定进行了检定或校准并处于正常工作状态，试剂材料、标准物质的有效期、数量、规格或纯度等满足方法标准的要求。

（3）实际样品测定

在开展分析方法验证时，应根据方法标准的适用范围，对适用的每类环境介质各至少选取一种实际样品进行测定，以确保方法标准能正确使用。

（4）验证过程可追溯

分析方法验证的过程及结果应形成报告，并附验证全过程的原始记录，保证分析方法验证过程可追溯。

（5）方法标准变更

当方法标准发生变更涉及技术能力发生变化，如分析方法原理、仪器设备、环境设施、操作步骤、方法适用范围等，实验室需要通过技术验证重新证明正确运用新方法标准的能力。

（6）验证特性指标

环境监测方法分为定量方法和定性方法，各类型分析方法应验证的特性指标见表 3-1。

表 3-1　环境监测分析方法验证特性指标

特性指标		定量方法	定性方法[b]
检出限[a]		√	△
测定范围	测定下限	√	—
	测定上限	△	—
准确度	精密度	√	△
	正确度	△	—
不确定度		△	—

注："√"表示正常情况下应验证的特性指标；"—"表示正常情况下不需要验证的特性指标；"△"表示有条件时宜验证的特性指标。

[a] 检出限的实际意义根据具体方法确定。

[b] 生物毒性测试方法的特性指标参照定性方法确定，可根据方法增加其他指标。

3.1.2.2　分析方法各项指标的验证方法

分析方法验证指标包括方法检出限、测定范围、精密度、正确度、不确定性评估。

（1）检出限验证

方法检出限（MDL）是指用特定分析方法在给定的置信度内从样品中定性检出待测物质的最低浓度或含量，即该特定分析方法测定出大于相关不确定度的最低值。确定 MDL 时，应考虑到所有基体的干扰。

确定方法检出限的方法很多，如目视评价法、空白标准偏差法、校准方程法、信噪比法等，其中空白标准偏差法是通过分析一定量的样品空白或加入最低可接受浓度的样品空白，计算空白标准偏差来确定 MDL 的方法，为环境监测方法检出限的一般确定方法，包括以下两种情况：

1）当空白试验中可检测出目标物时。按照样品分析的全部步骤，重复 n（$n \geqslant 7$）次空白试验（以各类便携式、集成式仪器为基础建立的方法标准应根据仪器的性能尽可能增加重复测定次数），将各测定结果换算为样品中的浓度或含量，计算 n 次平行测定的标准偏差，按式（3-1）计算方法检出限。

$$\mathrm{MDL} = t_{(n-1,0.99)} \times s \tag{3-1}$$

式中：MDL —— 方法检出限；

n —— 样品的平行测定次数；

$t_{(n-1,0.99)}$ —— 自由度为 $n-1$、置信度为 99%时的 t 分布值（单侧）；

s —— n 次平行测定的标准偏差。

当自由度为 $n-1$、置信度为 99%时的 t 值可参考表 3-2 取值。

表 3-2 t 值表

平行测定次数（n）	自由度（n−1）	$t_{(n-1,0.99)}$
7	6	3.143
8	7	2.998
9	8	2.896
10	9	2.821
11	10	2.764
16	15	2.602
21	20	2.528

本方法计算的检出限以下述条件为前提：任意测定值之间可允许的差异范围为“空白试验测定值的均值±估计检出限的 1/2”以内。

2）当空白试验中未检测出目标物时。按照样品分析的全部步骤，对浓度值或含量以估计方法检出限值 3～5 倍的样品进行 n（n≥7）次平行测定。计算 n 次平行测定的标准偏差，按式（3-1）计算方法检出限。

MDL 值计算出来后，应判断其合理性。

对于针对单一组分的分析方法，如果样品浓度不在计算出的方法检出限 3～5 倍，则应调整样品浓度重新进行测定。在重新测定之后，将前批测定的方差（s^2）与本批测定的方差进行比较，较大者记为 S_A^2，较小者记为 S_B^2。若 $S_A^2/S_B^2>3.05$，则将本批测定的方差标记为前批测定的方差，再次调整样品浓度重新测定；若 $S_A^2/S_B^2\leqslant3.05$，则按式（3-2）和式（3-3）计算方法检出限。

$$s_p=\sqrt{\frac{v_A S_A^2+v_B S_B^2}{v_A+v_B}} \tag{3-2}$$

$$\mathrm{MDL}=t_{(v_A+v_B,0.99)}\times s_p \tag{3-3}$$

式中：v_A—— 方差较大批次的自由度，n_A−1；

v_B—— 方差较小批次的自由度，n_B−1；

s_p—— 组合标准偏差；

$t_{(v_A+v_B,0.99)}$ —— 自由度为 v_A+v_B、置信度为 99%时的 t 分布（单侧）。

对于目标物为多组分的分析方法，一般要求至少有 50%的目标物样品浓度在 3～5 倍计算出的方法检出限的范围内，同时，至少 90%的目标物样品浓度在 1～10 倍计算出的方法检出限的范围内，其余不超过 10%的目标物样品浓度应不超过 20 倍计算出的方法检出限。若满足上述条件，说明初次用于测定 MDL 的样品浓度比较合适。对于初次加标样品测定平均值与 MDL 比值不在 3～5 之间的目标物，应调整样品浓度，重新进行平行分析，直至比值在 3～5 之间。选择比值在 3～5 之间的 MDL 作为该化合物的 MDL。

实验室方法验证获得的实验室检出限不应大于分析方法标准给出的 MDL。若实验室检出限大于分析方法标准给出的 MDL，实验室应查找原因并采取纠正措施，对方法检出限重新进行验证。

（2）测定范围验证

分析方法测定范围是指测定下限和测定上限之间的区间。验证测定范围实际包含分析方法线性范围、测定下限、测定上限 3 个方法性能指标。其中分析方法线性范围是指用线性计算模型定义分析仪器响应与目标物浓度或含量之间关系的应用范围；测定下限（也称方法定量限）是指在限定误差能满足预定要求的前提下，用特定分析方法能够准确定量测定待测物质的最低浓度或含量；测定上限则是在限定误差能满足预定要求的前提下，用特定分析方法能够准确定量测定待测物质的最高浓度或含量。

实验室应根据分析方法标准提供的校准曲线线性范围和日常检测试样的浓度或含量范围确定校准曲线的工作范围。在制作校准曲线时，应在校准曲线工作范围内均匀布置 6 个或以上的校准点（包括 1 个空白点）。不同浓度点的校准标准要单独配制，不能通过稀释同一母液获得。校准标准每个浓度点至少以随机顺序重复测定 2 次，最好是 3 次或更多次。

所获得的校准曲线线性回归方程相关系数（r）应不低于方法标准的质量控制要求。若方法标准未明确的，应保证 $r \geqslant 0.999$。若要求校准曲线通过零点的，还应对所获得的校准曲线截距（a）与 0 之间的差异进行显著性检验。这可采用置信水平为 95%的 t 检验进行。若 r 达不到上述要求或 t 检验不合格，应查找原因，采取纠正措施消除影响因素后重新制作校准曲线。当分析物浓度或含量在校准曲线工作范围内时，可使用单点校正，但应考察确定单点校正范围。此外，实验室在进行方法验证时，最好还应确定校准曲线是否稳定，即考察在不同时间制作同一条校准曲线的再现性。

测定下限一般以 4 倍 MDL 给定，微生物计数法测定下限与 MDL 保持一致，其他物理、感官分析方法等测定下限的确定依据具体情况确定。测定上限一般结合方法校准曲线的上限、适宜的稀释倍数以及一定条件下的吸附富集容量等因素确定。实验室方法验证获得的测定下限不应大于方法标准给出的测定下限。若验证获得的测定下限大于方法标准给出的测定下限，实验室应查找原因并采取纠正措施，对方法测定下限重新进行验证。

（3）精密度验证

精密度是在规定条件下，对同一或类似被测对象重复测量所得示值或测得的量值间的一致程度。分析方法精密度与样品中待测物质的浓度或含量水平有关，因此需通过重复测定不同浓度或含量水平的样品来进行评估。

1）有证标准物质的测定。如果可获得与日常检测样品基体匹配且浓度相近的有证标准物质，可选用高（校准曲线线性范围上限 90%附近的浓度或含量）、中（校准曲线中间点附近浓度或含量）、低（测定下限附近的浓度或含量）3 个不同浓度或含量的有证标准物质样品，按全程序对每个样品平行测定至少 6 次，分别计算各浓度或含量样品测定的平均值、标准偏差、相对标准偏差等参数。

2）实际样品的测定。若无法获得与日常检测样品基体匹配或浓度相近的有证标准物质时，对方法适用范围内每个样品类型的 1～3 个浓度或含量（应尽可能包含适用的生态环境质量标准、生态环境风险管控标准、污染物排放标准限值的浓度或含量）的样品，按全程序对每个样品平行测定至少 6 次，分别计算各类型样品中各浓度或含量样品测定的平均值、标准偏差、相对标准偏差等参数。如无法获得适宜的浓度或含量的实际样品，可采取实际样品基体加标进行验证。当样品有检出时，加标浓度应为样品浓度的 0.5～3 倍；当样品无检出时，加标浓度应尽可能包含适用的生态环境质量标准、生态环境风险管控标准、污染物排放标准限值的浓度或含量。

实验室精密度验证获得的相对标准偏差应在方法标准规定的最大允许范围内。

（4）正确度验证

正确度是指无穷多次重复测定所得测定结果的平均值与参考值之间的一致程度。正确度意味着存在系统误差，该系统误差通常用偏倚表示。而测定结果的偏倚则可通过有证标准物质的测定和实际样品加标回收率试验来进行评估。

1）有证标准物质的测定。最理想的偏倚评估是利用与日常检测样品基体匹配且浓度相近的有证标准物质进行验证。但如果使用有证标准物质证明了方法在某一浓度或含量水平的正确度，并不代表在整个测定范围内各个浓度水平下均有相似的正确度，因此，应选用高、中、低 3 个不同浓度或含量水平（与精密度验证相同）的有证标准物质，按全程序对每个标准物质样品平行测定至少 6 次，然后将标准物质样品的测定结果与标准物质的标准值进行比较，计算相对误差。实验室验证所获得的相对误差应在方法标准规定的最大允许范围内。

2）实际样品的测定。当无法获得与日常检测样品基体匹配或浓度相近的有证标准物质时，对方法适用范围内每个样品类型的 1～3 个浓度或含量（与精密度验证相同）的样品中分别加入一定量的溶液标准物质进行测定。当样品有检出时，加标浓度应为样品浓度的 0.5～3 倍，同时加标后的测定值不能超出校准曲线上限的 90%的范围；当样品无检出时，加标浓度应尽可能包含适用的生态环境质量标准、生态环境风险管控标准、污染物排放标准限值的浓度或含量。按全程序对每个加标样品平行测定至少 6 次，分别计算各类样品中各浓度或含量样品的加标回收率。加标回收率（R）可通过式（3-4）计算：

$$R(\%)=\frac{C_1-C_2}{C_3}\times 100\% \tag{3-4}$$

式中：C_1 —— 加标之后测定的浓度；

C_2 —— 加标之前测定的浓度；

C_3 —— 加入目标物之后的理论浓度。

实验室验证获得的加标回收率应在方法标准规定的范围内。需要注意的是，如果只能依赖于加标评估方法偏倚。在这种情况下，100%的回收率并不一定意味着方法正确度就好，但差的回收率则一定意味着存在偏倚。当发现存在偏倚时，实验室应检查存在偏倚的原因，采取纠正措施加以消除后重新进行验证。

（5）不确定度评估

对检测结果的不确定度产生影响的因素很多，如质量、体积、样品因素和非样品因素等，其中样品因素包含取制样和分析样品的均匀性，而非样品因素包含外部数据（通常包括常数和由其他实验得出并导入的量值，如分子量、基准试剂纯度、有证标准物质的标准值以及标准溶液的浓度等）和检测过程（包括关键的分析步骤和原理，如样品的前处理、试剂或溶剂的加入、检测所依据的化学反应等）。样品因素和非样品因素存在于所有分析过程中。不确定度评估只需能够明确地给出被测量与对其测量不确定度有贡献的分量之间的关系，至于这些分量如何分组以及如何进一步分解为下一级分量，并不影响不确定度的评估。

不确定度评估一般包括下列步骤。

1）确定被测量。即明确具体检测对象，包括被测量和被测量所依赖的输入量（如被测量、常数、校准标准值等）的关系。只要可能，还应当包括对已知测量系统影响的修正。

2）识别不确定度的来源。即列出不确定度的可能来源，包括前述步骤所规定的关系式中所含参数的不确定度来源，也可以有其他来源。简单易行的方式是采用因果图法。

3）量化不确定度分量。即对识别出的每个潜在不确定度来源相关不确定度分量的大小进行评估。这可以使用方法验证获得的数据评估与大量独立来源有关的不确定度分量。

4）计算合成标准不确定度。对总不确定度有贡献的量化分量，可能是几个独立的来源，也可能是几个相关的来源，在合成之前均须以标准偏差形式表示，并根据来源是否相关选用不同的合成方法进行合成，计算合成标准不确定度。

5）计算扩展不确定度。将合成标准不确定度和所选的包含因子（k）相乘得到扩展不确定度。在选择 k 值时，需考虑以下情况：所需的置信水平、对所基于的分布的了解、对评估随机影响所用数值个数的了解。大多数情况下，推荐 k 值为 2。

3.1.3 实验室检测能力验证技术

能力验证是利用实验室间比对，按照预先制定的准则评价参加者能力的常用技术方法。土壤详查在实验室筛选和样品分析测试阶段组织开展了一系列实验室检测能力验证计划，为客观评价实验室检测能力、发现实验室存在的问题、改进和提升土壤详查实验室技术能力发挥了重要作用。

实验室检测能力验证主要涉及能力验证方案策划、组织实施、结果统计分析、对参加者能力评价等一系列环节。

3.1.3.1 方案策划

在开展能力验证计划之前，实施机构应制定可行的计划实施方案，说明能力验证的目的以及基本设计情况，并提供以下一些信息：参加者应满足的条件，预期的参加者数量和类型，对能力验证样品预期的量值范围和/或特性，潜在的主要误差来源，能力验证样品制备、均匀性和稳定性检验、储存、运输和分发的要求，防止参加者串通或伪造结果的措施，能力验证计划各阶段时间安排，要求参加者进行检测所使用的分析方法或程序，参加者的结果报告格式，对参加者结果所使用的统计分析方法和指定值及不确定度的确定方法，参加者能力评价标准，对能力验证结果及结论公布的范围等。

3.1.3.2 组织实施

能力验证计划组织实施一般包括以下四个步骤。

（1）准备和发放能力验证样品

能力验证样品应尽量与实验室日常检测样品相同或类似，且被测量在大致相似的浓度或含量水平。对于土壤详查能力验证，应充分考虑污染调查的目的，重点关注土壤详查评价标准限值附近的实验室检测能力，并规定参加者必须使用土壤详查规定的分析方法开展能力验证样品检测。

发放给参加者的能力验证样品，实施机构应确保其具有足够的均匀性和稳定性。对于批量制备的能力验证样品，通常样品间不均匀和不稳定标准差均不应超过能力评定标准差（σ_{PT}）的 0.3 倍。但如果仅可获得不完全均匀或稳定的样品，则须在指定值的不确定度中或者结果评价时充分考虑到能力验证样品本身的不均匀性和不稳定性、不确定度分量。

每个能力验证样品的包装上应牢固粘贴有标识，并确保标识在整个能力验证计划实施期间保持清晰和完整。能力验证实施机构应提供安全的储存场所，确定合适的运输相关环境条件，按照国家运输和安全有关要求对能力验证样品进行运输包装，防止能力验证样品在储存、运输和分发过程中受损或变质。如果使用有潜在危险的能力验证样品，应有设施保证其安全处置、去污染和废弃处理。

（2）给参加者的作业指导书

实施机构在发放能力验证样品时，应向所有参加者提供能力验证计划项目作业指导书，其中应包括以下一些内容：要求参加者按照大多数日常检测样品的处理方式处理能力验证样品，告知参加者影响能力验证样品检测结果的主要因素、能力验证样品的预处理方法、对参加者检测能力验证样品时特定环境条件要求（如果有），要求参加者报告结果的截止日期，检测结果及其不确定度的报告要求等。

（3）数据统计分析与能力评价

实施机构按照既定的时间安排回收参加者报告的结果，并按后续介绍的统计分析方法（见 3.1.3.3）对参加者报告的数据进行统计分析，并按既定的评价方法（见 3.1.3.4）对参加者能力进行评价。

（4）结果反馈与参加者沟通

实施机构要向参加者提供有关能力验证计划的详细信息，将能力验证计划设计或运作中的任何变化通知所有参加者，在向参加者反馈能力评价结果时，应将申诉的途径告知参加者，确保参加者在能力验证计划中对能力评定有异议时可以提出申诉。

3.1.3.3 结果统计分析

能力验证结果统计分析包括统计方法的选择、指定值及其不确定度的确定、能力评定标准差的确定。

（1）统计方法的选择

能力验证结果的数据分布决定所用的统计方法。大多数能力验证的统计分析方法均假定数据呈近似正态分布，或者至少是单峰分布、对称分布。如果数据分布中出现双峰或多峰，则表明参加者之间存在群体性的系统偏差，这时应研究其原因，并采取相应的措施。例如，可能是由于使用了产生不同结果的两种分析方法造成双峰分布。在这种情况下，应对两种方法获得的数据进行分离，然后对每种方法的数据分别进行统计分析。

在进行能力验证结果统计分析时，一般优先选用稳健统计方法。当采用稳健统计方法时，虽然无须验证参加者结果是否呈正态分布，但至少需通过数据直方图或核密度图对数据是否呈近似对称分布进行核查确认。常用的稳健统计方法主要有简单稳健统计法（中位值与标准化四分位距）、A 算法等。若采用基于正态分布的经典统计方法，通常需先剔除离群值，然后计算结果的算术/加权平均值和标准差。

（2）指定值及其不确定度的确定

指定值的选择与计算是能力验证计划成功的关键，实施机构应采用适当的指定值确定方法。土壤详查能力验证的指定值主要采用参加者公议值法。

假定由一轮能力验证获得的参加者结果总数为 p，按递增顺序排列 p 个检测结果，表示为 x_1，x_2，…，x_p。可采用简单稳健统计法和 A 算法分别计算稳健均值和稳健标准差。

1）简单稳健统计法。该法的统计量主要包括中位值［med（x）］和标准化四分位距（NIQR），分别是数据集中和分散的度量，与平均值和标准差相似。中位值是数据分布中间位置的一个估计，四分位距（IQR）为第 75 百分位的结果（Q_3）与第 25 百分位的结果（Q_1）的差值，标准化四分位距等于四分位距（IQR）乘以因子 0.741 3。

中位值［med（x）］计算公式如下：

$$\mathrm{med}(x)=\begin{cases}\dfrac{x_{(p+1)}}{2}, & p\text{为奇数}\\ \dfrac{x\left(\dfrac{p}{2}\right)+x\left(\dfrac{p}{2}+1\right)}{2}, & p\text{为偶数}\end{cases} \tag{3-5}$$

标准化四分位距（NIQR）计算公式如下：

$$\mathrm{NIQR}=0.741\,3\times(Q_3-Q_1) \tag{3-6}$$

指定值的标准不确定度由下式进行估计：

$$u_x=1.25\times\mathrm{NIQR}/\sqrt{p} \tag{3-7}$$

2）A 算法。将上述能力验证结果的稳健平均值和稳健标准差分别记为 x^*和 s^*，计算 x^*和 s^*的初始值如下：

$$x^*=\mathrm{med}(x_i)\quad（i=1，2，\cdots，p） \tag{3-8}$$

$$s^*=1.483\times\mathrm{med}(x_i-x^*)\quad（i=1，2，\cdots，p） \tag{3-9}$$

根据以下步骤更新 x^*和 s^*的值。

式（3-10）计算δ：

$$\delta=1.5s^* \tag{3-10}$$

对每个 x_i（i=1，2，…，p），计算 x_i^*：

$$x_i^* = \begin{cases} x^* - \delta, & 若 x_i < x^* - \delta \\ x^* + \delta, & 若 x_i > x^* + \delta \\ x_i, & 其他 \end{cases} \tag{3-11}$$

再由下式计算 x^* 和 s^* 的新的取值：

$$x^* = \sum \frac{x_i^*}{p} \tag{3-12}$$

$$s^* = 1.134\sqrt{\frac{\sum(x_i^* - x^*)^2}{p-1}} \tag{3-13}$$

其中求和符号对 i 求和。

稳健估计值 x^* 和 s^* 也可由迭代计算得出，如用已修改数据更新 x^* 和 s^*，直至过程收敛。当稳健标准差的第 3 位有效数字和稳健平均值相对应的数字在连续两次迭代中不再变化时，即可认为过程是收敛的。

指定值的标准不确定度由下式进行估计：

$$u_x = 1.25 \times s^* / \sqrt{p} \tag{3-14}$$

A 算法在预期离群值比例低于 20%的情况下非常有用，实际计算可通过计算机编程实现。

（3）能力评定标准差的确定

确定能力评定标准差的常用方法主要包括规定值、经验值、方法精密度和由参加者结果确定等。土壤详查能力评定标准差的确定主要采用了方法精密度和由参加者结果确定的方法。

1）方法精密度。当能力验证计划使用分析方法且该分析方法标准提供了重复性标准差（σ_r）和再现性标准差（σ_R）信息时，能力评定标准差可采用式（3-15）进行计算：

$$\sigma_{PT} = \sqrt{\sigma_R^2 - \sigma_r^2\left(1 - \frac{1}{m}\right)} \tag{3-15}$$

式中：m —— 该轮次能力验证计划中参加者对能力验证样品的重复测定次数。

2）由参加者结果确定。能力评定标准差由同一轮次能力验证参加者结果计算得出。使用该方法计算能力统计量时，适宜使用 z 值，且通常使用稳健统计方法计算所有参加者报告结果的稳健标准差。该方法的主要优点在于简单和实用，可用于多场合且可能是唯一可行的方法。但需注意，在使用参加者结果得到的公议值时，有可能不适宜作为能力评定标准差的情况，分别是：

①如果稳健标准差极小，实施机构应给所使用的能力评定标准差设定一个最低限，

选定的最低限应满足在分析误差符合极端预期用途的情况下，$z<3.0$。

②如果稳健标准差极大，实施机构应给使用的能力评定标准差设定一个最高限，或对认为满意结果设定一个最高限。最高限为不满足适用性目标的结果将收到行动信号。如果对称区间包含不满足能力验证适用性目标的结果，实施机构可对被认为满意结果（无警戒信号或行动信号）的区间设定上限或下限。

由于该方法是基于统计假设，无法对结果应用的适用性提供有效说明，因此，对结果分析解释需结合专业判断。

3.1.3.4 对参加者能力的评价

能力验证结果通常需要转化为能力统计量，以便进行解释和与确定的目标进行比较。土壤详查主要采用了 z 比分值为能力统计量，计算方法如下：

$$z_i = \frac{x_i - x_{PT}}{\sigma_{PT}} \tag{3-16}$$

z 比分值的评定标准为：当 $|z|\leqslant 2.0$ 时为满意结果；当 $2.0<|z|<3.0$ 时为有问题结果，应给予警告信号；当 $|z|\geqslant 3.0$ 时为不满意结果，应给予行动信号。

土壤详查要求参加者收到警告信号后，应检查分析测试过程有无质量问题；若参加者收到行动信号，则应采取纠正措施，全面检查相关的分析测试过程。

3.2 样品采集与制备过程质量控制

对样品采集和制备过程实施有效的质量控制一直是大型环境调查的质量控制难点，主要困难是对采样和制样具体技术要求的落实除分派质量控制人员在现场旁站检查外没有其他有效的质量监控手段。土壤详查手持终端信息系统的应用，为监控采样人员准确按照采样技术要求在指定点位采集调查样品提供了有效解决方案。土壤详查首次将视频监控应用于土壤和农产品样品制样过程质量监控，要求制样单位保持原有制样文字记录的同时，增加对制样全过程的影像记录。也是基于上述原因，土壤详查对采样和制样提出了一套完整的采样过程和制样过程质量控制技术方法。

3.2.1 样品采集质量控制技术

3.2.1.1 质量控制方法

样品采集质量控制主要通过采样资料检查和采样现场检查判断采样工作是否存在

质量问题，并确定相应质量问题的处理方式。采样资料检查通过检查采样过程形成的各项采样记录表单和照片等对采样各环节是否符合技术要求进行判定。采样现场检查通过现场查看采样各环节实际工作情况，并核实采样记录与实际采样工作情况的一致性。

3.2.1.2 质量检查内容

采样质量检查主要内容包括以下几项：

（1）采样方案的内容是否完整。

（2）采样点是否与布点方案一致，如存在位置调整，检查调整原因和调整后位置依据是否合理。

（3）土孔钻探（包括钻探设备选择、钻探深度、钻探操作、钻探过程防止交叉污染以及钻孔填充等）、地下水采样井建井（包括建井材料选择、成井过程、洗井方式等）、土壤和地下水样品采集（包括样品采集位置、采集设备、采集深度、采集方式等）采样过程是否满足相关技术要求。

（4）已采集样品（包括样品重量和数量、样品标签、容器材质、保存条件、保存剂添加等）和质量控制样品（密码平行样品、全程序空白样品、运输空白样品等）等是否满足相关技术要求。

（5）采样各环节形成的采样记录单中必填项是否填写完整、规范、准确，上传的采样照片是否清晰，各项采样记录与实际采样工作是否一致。

3.2.1.3 采样质量评价方法

采样质量评价以采样点为对象，按采样环节进行检查。检查时，每一环节存在任一检查项目的检查要点不满足要求，则判定该环节不合格；采样点任一检查环节不合格，即认为该采样点存在严重质量问题。严重质量问题外的其他质量问题，均为一般质量问题。

当信息管理系统内资料无法满足某检查项目资料检查要求时，可判定该检查项目不合格。同一级别的质量检查，如资料检查与现场检查同时覆盖一个地块，原则上应以质量问题严重的判定结果为准。

3.2.1.4 采样质量问题处理方法

采样质量检查发现的问题，由质量检查人员提出整改意见，并在采样质量控制整改意见单中清晰描述，外审现场检查发现的严重质量问题还应通过照片或视频等影像文件记录。

对存在严重质量问题的采样点，由质量检查人员要求采样单位重新采样；采样单位整改完成后，应获得质量检查人员确认。

对存在严重质量问题的采样单位，质量控制单位应对该采样单位已完成地块的此类严重质量问题进行资料复查，后续加大对该单位的检查比例。

3.2.1.5 实施程序

采样质量检查包括自审、内审和外审三级质量检查。

（1）自审

每个采样工作组指定 1 名质量检查员，负责对本组采样工作质量进行自审；

（2）内审

每个采样任务承担单位设置专门的质量检查组，负责对本单位承担的采样工作质量进行内审；

（3）外审

采样质量控制单位负责对采样任务承担单位的工作质量进行抽样外审。

采样质量检查以资料检查为主，现场检查为辅。采样质量资料检查为事后检查，主要通过详查信息管理系统线上完成；采样质量现场检查为事中检查，与实际采样工作同步进行。

3.2.2 样品制备质量控制技术

3.2.2.1 质量控制方法

样品制备质量控制主要采用以下两种方法。

（1）制样资料检查

主要通过检查制样视频记录和制样过程形成的各项制样文字记录表单等，对制样各环节是否符合技术要求进行判定。

（2）制样现场检查

主要通过现场查看制样场所和制样各环节实际工作情况，核实制样记录与实际制样工作情况的一致性。

3.2.2.2 质量检查内容

样品制备质量检查主要包括以下内容。

（1）制样场所

包括风干室、磨样室等环境条件是否符合要求、防污染设施和视频监控设备是否齐备并保持正常运行状态。

（2）制样工具

包括磨样设备、样品筛、辅助制样工具等是否齐全完好并按要求及时清洁，磨样设备是否正常运转和定期维护，分装容器材质和规格是否符合技术要求。

（3）制样过程

包括样品干燥、磨碎、筛分、混匀、缩分、装瓶等操作是否符合技术要求。

（4）已加工样品

包括样品瓶标签、样品重量和数量、样品粒度、样品包装和保存是否符合技术要求。

（5）制样原始记录

包括视频监控记录和制样记录表单填写内容是否及时、完整和准确。

3.2.2.3 制样质量评价方法

制样质量评价以制样批次或制样日期为对象，按 3.2.2.2 进行检查。检查时若发现未按规定的制样方法制备样品、未采取有效的环境条件控制措施防止样品在加工和制备过程发生污染、已加工样品的重量或粒度未达到规定要求、样品标识不清或样品包装容器不符合规定要求、不能提供完整的样品制备视频监控记录等质量问题，则判定该制样批次或日期样品制备存在严重质量问题，其他作为一般质量问题。

3.2.2.4 制样质量问题处理方法

对制样小组：制样单位将发现严重质量问题制样小组的检查比例提高一倍。如仍然发现存在严重质量问题，制样单位应要求该制样小组重新制备最近两次检查期间制备的所有样品，或安排其他合格的制样小组重新制备相关样品；如未发现新的严重问题，该制样小组应重新制备发生严重质量问题当日制备的所有样品。

对制样单位：质量控制单位应将发现严重质量问题制样单位的质量检查比例提高两倍。如仍然发现存在严重质量问题，质量控制单位应要求该制样单位重新制备最近两次检查期间制备的所有样品；如未发现新的严重质量问题，该制样单位应重新制备发生严重质量问题当日完成的所有样品。

3.2.2.5 实施程序

制样质量控制实施程序分为以下三个步骤。

（1）自审

制样质量检查包括制样小组、制样单位和质量控制单位三级质量检查。每个制样工作组指定 1 名质量检查员，负责对本组制样工作质量进行自审。

（2）内审

每个制样任务承担单位设置专门的质量检查组，负责对本单位承担的制样工作质量进行内审。

（3）外审

质量控制单位组织的质量检查组负责对制样任务承担单位的工作质量进行抽样外审。

3.3 样品分析测试过程质量控制

样品分析测试过程质量控制主要通过在实际样品分析批次中插入各类质量控制样品，与同批次实际调查样品一起进行检测，并根据质量控制样品的检测结果评价该分析批次实际调查样品分析测试质量的一种质量控制方法。土壤详查对样品分析测试过程的质量控制由承担任务的检测实验室和省级质量控制实验室同步实施，并分别对控制效果进行质量评价。由检测实验室实施的质量控制简称为内部质量控制，由质量控制实验室实施的质量控制简称为外部质量控制。

3.3.1 内部质量控制技术

内部质量控制由检测实验室按照土壤详查质量保证与质量控制技术规定的有关要求执行，主要通过在实际调查样品分析中插入空白样品、校准标准、平行双样、标准物质样品和加标回收样品，与实际调查样品同时进行分析测试。此外，必要时，还应对同一分析批次样品中检测结果较高或较低的异常样品进行复检确认。

3.3.1.1 空白样品

每批次样品分析时，应进行空白样品试验。要求每批样品或每 20 个样品应至少做 1 次空白样品试验。空白样品分析测试结果一般应低于方法检出限。若空白样品分析测试结果低于方法检出限，可忽略不计；若空白样品分析测试结果略高于方法检出限但比较稳定，可进行多次重复试验，计算空白样品分析测试结果平均值并从样品分析测试结果中扣除；若空白样品分析测试结果明显超过正常值，实验室应查找原因并采取适当的纠正和预防措施，并重新对样品进行分析测试。

3.3.1.2 校准标准

分析仪器校准应首先选用有证标准物质。当没有有证标准物质时，也可用纯度较高（一般不低于 98%）、性质稳定的化学试剂直接配制仪器校准用标准溶液。

采用校准曲线法进行定量分析时，一般应至少使用 6 个浓度梯度的标准溶液（包括 1 个空白点），覆盖被测样品的浓度范围，且最低点浓度应接近方法测定下限的水平。校准曲线相关系数要求为 $r \geqslant 0.999$。

连续进样分析时，每分析 20 个样品，应测定一次校准曲线中间浓度点，确认分析仪器校准曲线是否发生显著变化。一般无机检测指标分析测试相对偏差应控制在 10%以内，有机检测指标分析测试相对偏差应控制在 20%以内，超过此范围时需要查明原因，重新绘制校准曲线，并重新分析该批次全部样品。

3.3.1.3 平行双样

每批次样品分析时，每个检测指标（除挥发性有机物外）均须做平行双样分析。在每批次分析样品中，应随机抽取 5%的样品进行平行双样分析；当批次样品数＜20 时，应至少随机抽取 1 个样品进行平行双样分析。

平行双样分析一般应由本实验室质量管理人员将平行双样以密码编入分析样品中交检测人员进行分析测试。

若平行双样测定值（A，B）的相对偏差（RD）在允许范围内，则该平行双样的精密度控制为合格，否则为不合格。RD 计算公式如下：

$$\mathrm{RD}(\%)=\frac{|A-B|}{A+B}\times 100\% \tag{3-17}$$

土壤、农产品和地下水样品中主要检测指标平行双样分析精密度允许范围分别见表 3-3、表 3-4 和表 3-5，土壤和地下水样品中其他检测指标平行双样分析精密度控制范围分别见表 3-6 和表 3-7。与《土壤环境监测技术规范》（HJ 166—2004）相比较，土壤详查将精密度控制指标由相对标准偏差修订为相对偏差，并规定了其他无机元素、挥发性有机物、半挥发性有机物和难挥发性有机物平行双样分析的精密度控制范围，根据已发布土壤环境监测方法标准，加严了总铜、总铅、总铬、总锌和总镍精密度允许范围。

平行双样分析合格率按每批同类型样品中单个检测指标进行统计。对平行双样分析合格率要求应达到 95%。当合格率小于 95%时，应查明产生不合格结果的原因，采取适当的纠正和预防措施。除对不合格结果重新分析测试外，应再增加 5%～15%的平行双样分析比例，直至总合格率达到 95%。

表 3-3　土壤主要检测指标分析测试精密度和准确度允许范围

检测指标	含量范围/（mg/kg）	精密度		准确度	
		室内相对偏差/%	室间相对偏差/%	加标回收率/%	相对误差/%
总镉	<0.1	35	40	75～110	±40
	0.1～0.4	30	35	85～110	±35
	>0.4	25	30	90～105	±30
总汞	<0.1	35	40	75～110	±40
	0.1～0.4	30	35	85～110	±35
	>0.4	25	30	90～105	±30
总砷	<10	20	30	85～105	±30
	10～20	15	20	90～105	±20
	>20	10	15	90～105	±15
总铜	<20	20	25	85～105	±25
	20～30	15	20	90～105	±20
	>30	10	15	90～105	±15
总铅	<20	25	30	80～110	±30
	20～40	20	25	85～110	±25
	>40	15	20	90～105	±20
总铬	<50	20	25	85～110	±25
	50～90	15	20	85～110	±20
	>90	10	15	90～105	±15
总锌	<50	20	25	85～110	±25
	50～90	15	20	85～110	±20
	>90	10	15	90～105	±15
总镍	<20	20	25	80～110	±25
	20～40	15	20	85～110	±20
	>40	10	15	90～105	±15

表 3-4　农产品主要检测指标分析测试精密度和准确度允许范围

检测指标	含量范围/（mg/kg）	精密度		准确度	
		室内相对偏差/%	室间相对偏差/%	加标回收率/%	相对误差/%
总镉	<0.1	35	40	75～110	±40
	0.1～0.2	30	35	85～110	±35
	>0.2	25	30	90～105	±30

检测指标	含量范围/（mg/kg）	精密度		准确度	
		室内相对偏差/%	室间相对偏差/%	加标回收率/%	相对误差/%
总汞	＜0.1	35	40	75～110	±40
	0.1～0.2	30	35	85～110	±35
	＞0.2	25	30	90～105	±30
总砷	＜0.1	35	40	90～105	±40
	0.1～1.0	30	35	90～105	±35
	＞1.0	25	30	90～105	±30
总铜	＜20	20	30	90～105	±30
	20～30	15	25	90～105	±25
	＞30	15	20	90～105	±20
总铅	＜0.1	35	40	85～110	±40
	0.1～1.0	30	35	85～110	±35
	＞1.0	25	30	90～105	±30
总铬	＜0.1	35	40	85～110	±40
	0.1～1.0	30	35	85～110	±35
	＞1.0	25	30	90～105	±30
总锌	＜50	25	30	85～110	±30
	50～90	20	30	85～110	±30
	＞90	15	25	90～105	±25
总镍	＜0.1	35	40	85～110	±40
	0.1～1.0	30	35	85～110	±35
	＞1.0	25	30	90～105	±30

表 3-5　地下水主要检测指标分析测试精密度和准确度允许范围

检测指标	含量范围/（mg/kg）	精密度		准确度	
		室内相对偏差/%	室间相对偏差/%	加标回收率/%	相对误差/%
总镉	＜0.005	15	20	85～115	±15
	0.005～0.1	10	15	90～110	±10
	＞0.1	8	10	95～115	±10
总汞	＜0.001	30	40	85～115	±20
	0.001～0.005	20	25	90～110	±15
	＞0.005	15	20	90～110	±15

检测指标	含量范围/（mg/kg）	精密度		准确度	
		室内相对偏差/%	室间相对偏差/%	加标回收率/%	相对误差/%
总砷	<0.05	15	25	85～115	±20
	≥0.05	10	15	90～110	±15
总铜	<0.1	15	20	85～115	±15
	0.1～1.0	10	15	90～110	±10
	>1.0	8	10	95～105	±10
总铅	<0.05	15	20	85～115	±15
	0.05～1.0	10	15	90～110	±10
	>1.0	8	10	95～105	±10
六价铬	<0.01	15	20	90～110	±15
	0.01～1.0	10	15	90～110	±10
	>1.0	5	10	90～105	±10
总锌	<0.05	20	30	85～120	±15
	0.05～1.0	15	20	90～110	±10
	>1.0	10	15	95～105	±10
氟化物	<1.0	10	15	90～110	±15
	≥1.0	8	10	95～105	±10
总氰化物	<0.05	20	25	85～115	±20
	0.05～0.5	15	20	90～110	±15
	>0.5	10	15	90～110	±15

表 3-6 土壤其他检测指标分析测试精密度与准确度允许范围

检测指标	含量范围	精密度	准确度	适用的分析方法
		相对偏差/%	加标回收率/%	
无机元素	≤10MDL	30	80～120	AAS、ICP-AES、ICP-MS
	>10MDL	20	90～110	
挥发性有机物	≤10MDL	50	70～130	GC、GC-MSD
	>10MDL	25		
半挥发性有机物	≤10MDL	50	60～140	GC、GC-MSD
	>10MDL	30		
难挥发性有机物	≤10MDL	50	60～140	GC-MSD
	>10MDL	30		

注：MDL—方法检出限；AAS—原子吸收光谱法；ICP-AES—电感耦合等离子体发射光谱法；ICP-MS—电感耦合等离子体质谱法；GC—气相色谱法；GC-MSD—气相色谱质谱法。后同。

表 3-7 地下水其他检测指标分析测试精密度与准确度允许范围

检测指标	含量范围	精密度	准确度	适用的分析方法
		相对偏差/%	加标回收率/%	
无机元素	≤10MDL	30	70～130	AAS、ICP-AES、ICP-MS
	>10MDL	20		
挥发性有机物	≤10MDL	50	70～130	HS/PT-GC、HS/PT-GC-MSD
	>10MDL	30		
半挥发性有机物	≤10MDL	50	60～130	GC、GC-MSD
	>10MDL	25		
难挥发性有机物	≤10MDL	50	60～130	GC-MSD
	>10MDL	25		

注：HS/PT-GC—顶空/吹扫捕集-气相色谱法；HS/PT-GC-MSD—顶空/吹扫捕集-气相色谱质谱法。

3.3.1.4 有证标准物质和加标回收样品

（1）有证标准物质样品

当具备与被测土壤详查样品基体相同或类似的有证标准物质时，应在每批次样品分析时同步均匀插入与被测样品含量水平相当的有证标准物质样品进行分析测试。每批次同类型分析样品要求按样品数 5%的比例插入标准物质样品；当批次分析样品数<20 时，应至少插入 1 个标准物质样品。将标准物质样品的分析测试结果（x）与标准物质认定值（或标准值）（μ）进行比较，计算相对误差（RE）。RE 计算公式如下：

$$\text{RE}(\%)=\frac{x-\mu}{\mu}\times 100\% \tag{3-18}$$

若 RE 在允许范围内，则对该标准物质样品分析测试的准确度控制为合格，否则为不合格。土壤、农产品和地下水标准物质样品中主要检测指标 RE 允许范围分别见表 3-3、表 3-4 和表 3-5，土壤和地下水标准物质样品中其他检测指标 RE 允许范围可参照标准物质证书给定的扩展不确定度确定。对有证标准物质样品分析测试合格率要求应达到 100%。当出现不合格结果时，应查明其原因，采取适当的纠正和预防措施，并对该标准物质样品及与之关联的详查送检样品重新进行分析测试。

（2）加标回收样品

当没有合适的土壤、农产品或地下水基体有证标准物质时，应采用基体加标回收率试验对正确度进行控制。每批次同类型分析样品中，应随机抽取 5%的样品进行加标回收率试验；当批次分析样品数<20 时，应至少随机抽取 1 个样品进行加标回收率试验。

此外，在进行有机污染物样品分析时，最好能进行替代物加标回收率试验。基体加标和替代物加标回收率试验应在样品前处理之前加标，加标样品与试样应在相同的前处理和分析条件下进行分析测试。加标量可视被测组分含量而定，含量高的可加入被测组分含量的 0.5～1.0 倍，含量低的可加 2～3 倍，但加标后被测组分的总量不得超出分析方法的测定上限。若基体加标回收率在规定的允许范围内，则该加标回收率试验样品的正确度控制为合格，否则为不合格。对基体加标回收率试验结果合格率的要求应达到 100%。当出现不合格结果时，应查明其原因，采取适当的纠正和预防措施，并对该批次样品重新进行分析测试。

3.3.1.5 异常样品复检

每批次送检土壤样品分析测试完毕后，检测实验室应对该批次样品的分析测试结果按检测指标进行稳健统计，计算该批次样品的检测中位值，并对分析测试结果高于中位值 5 倍以上或低于中位值 1/5 的异常样品进行复检。若统计后发现需复检样品数较多，可只对其中部分样品进行抽检，要求复检抽查样品数应达到该批次送检样品总数的 10%。

每批次送检农产品样品分析测试完毕后，检测实验室应对分析测试结果超过标准限值（表 3-8）的所有异常样品进行复检。

表 3-8 谷物及其制品中污染物限值

序号	污染物		标准限值/（mg/kg）
1	总铅		0.2
2	总镉	小麦	0.1
		水稻	0.2
3	总汞		0.02
4	总砷	小麦	0.5
		水稻	0.2
5	总铬		1.0
6	总铜		10
7	总锌		50
8	总镍		1.0

对于复检样品，应按精密度控制的有关要求统计计算复检合格率，要求应达到 95%。当复检合格率小于 95%时，应参照精密度控制的有关要求执行。

3.3.2　外部质量控制技术

土壤详查对样品分析测试过程外部质量控制主要采用在实际调查样品送检批次中同步插入密码平行样和统一监控样，通过密码平行样监控样品分析测试的精密度，通过统一监控样监控样品分析测试的准确度。

3.3.2.1　密码平行样质量控制技术

土壤详查密码平行样一般由 1 份室内平行样品和 1 份室间平行样品组成。通过密码平行样在实验室内和实验室间分析测试比对，监控采样或制样与分析测试全过程的精密度。

（1）密码平行样采集与制备

根据调查组织实施方式和检测指标检测要求的不同，密码平行样采用以下两种方式采集与制备：一种方式是由采样单位在采样现场将同一采样点位和同一采样深度采集 3 份平行样品（其中包含 1 份为正常调查样品，下同）；另一种方式是由制样单位将在同一采样点位和同一采样深度采集的样品经过干燥研磨混匀后制成 3 份平行样品。

1）农用地详查密码平行样采集与制备

点位布设时，规定土壤无机和理化性质检测指标和以及农产品所有检测指标均按照每 50 个采样点位中布设 1 个密码平行样采样点位，土壤有机检测指标按照每 20 个采样点位中布设 1 个密码平行样采样点位的原则。

样品采集时，规定采样单位在土壤无机和理化性质检测指标密码平行样采集点位采集 1 份不少于 2 500 g 的土壤样品，由流转中心送制样单位经风干、粗磨、混匀后制成 3 份平行样品；在土壤有机检测指标密码平行样采集点位，将采集的土壤样品在采样现场简单混匀后分成 3 份平行样品；在农产品密码平行样采集点位，采集 1 份不少于 2 000 g 稻谷或麦粒样品，由流转中心送制样单位经风干、研磨、混匀后制成 3 份平行样品。

2）企业用地调查密码平行样采集与制备

企业用地调查按地块设置土壤密码平行样，规定每个地块土壤密码平行样不少于地块总样品数的 10%，且每个地块至少采集 1 套密码平行样；考虑到每个地块实际采集的地下水样品数量较少，地下水样品更适宜在一批地下水监测井建井完成后集中采样的特点，规定每个地下水采样批次中密码平行样数不少于采集地下水总样品数的 10%。

地块土壤密码平行样具体采样点位和采样深度由采样人员根据现场情况确定。选取原则是尽可能选择地块内污染较重且可采集到足够样品量的点位，避免跨不同性质土层采集，同时避免跨地下水水位线采集。当一次钻孔无法满足样品量需求时，可在邻近已完成钻探的点进行二次钻探取样，采集相同深度的土壤样品。

无论是土壤样品还是地下水样品，除 VOCs 等挥发性检测指标样品外，采样人员应在采样现场尽可能将采集的样品经适当混匀后再制成密码平行样。含水率较高的土壤样品，可从已采集样品的不同部位分取样品混合后再分样。但如果对同一钻样的现场专业判断并结合快速检测结果发现存在显著差异时，不允许为获取足够样品量而将存在显著差异的样品进行混合后制备密码平行样，此时采样人员可将有关情况记录并报送系统。VOCs 等挥发性检测指标样品须按分析方法标准要求原位取样，不允许进行样品混合处理，并且原则上每批（包含采样批次和运输批次）VOCs 样品需至少采集两套空白样品（每套运输空白和全程序空白各 1 个）。

（2）密码平行样流转与检测

1）农用地详查密码平行样流转与检测

当设置专门的质量控制比对实验室时，质量控制实验室在流转中心以密码方式将室内密码平行样按比例插入到详查送检样包中送检测实验室一起检测，将室间密码平行样直接送质量控制比对实验室进行检测；当未设置专门的质量控制比对实验室时，质量控制实验室在流转中心以密码方式将室内密码平行样按比例插入详查送检样包中送检测实验室一起检测，将室间密码平行样按详查样品打包密码送另一检测实验室一起检测。不同的室间密码平行样尽可能插入不同的送检样包中。

需要特别说明的是，室内密码平行样的插入比例为每个送检样包中插入 1 份，土壤无机和理化性质检测以及农产品样品的送检样包中样品总数不能大于 50 份；土壤有机检测指标送检样包中样品总数不能大于 20 份。

2）企业用地调查密码平行样流转与检测

企业用地调查由采样人员在采样现场将 3 份平行样品分别二次编码后 2 份随其他调查样品一起送检测实验室进行检测，另 1 份送质量控制比对实验室进行检测。

（3）密码平行样比对结果质量评价方法

密码平行样比对结果质量评价方法是本次土壤详查质量保证与质量控制技术创新之一，创新之处在于不拘泥于以往常规的两组（个）分析测试数据的简单比较（如偏差或相对偏差），而是从污染调查的初衷出发，基于同一点位采集的平行样品分析测试结果得到的污染状况评价结果应该是一致的基本假设，从而解决了实际样品中污染物不同浓度水平分析测试数据间相互比较的质量控制难题，使得现场采集的平行样可方便用于土壤详查这种大规模调查的质量控制实践。

室内和室间密码平行样比对结果质量主要通过由样品检测结果获得的污染状况评价结果的一致性进行评价，即只要依据样品检测结果获得的污染状况评价结果同为不超标或者超标相同的倍数，则可认为两个比对结果的精密度可接受，为合格结果。当由样品检测结果获得的污染状况评价结果不一致时，如两个比对结果的相对偏差在允许范围内则为合格结果，否则为有问题结果。另外，对于低于测定下限（4MDL）的检测结果，考虑到分析精密度一般比较差，因此，如果两个比对结果均小于或等于测定下限（4MDL），则认为是可接受的结果。

1）农用地详查密码平行样比对结果质量评价

土壤密码平行样比对结果质量评价选取的污染评价标准为 GB 15618—2018 中的最小筛选值，农产品密码平行样比对结果质量评价时小麦和水稻样品分别按各自的评价标准进行评价。同时，根据污染物含量范围分段设置最大允许相对偏差。土壤和农产品密码平行样中 8 项重金属总量比对结果质量评价选用的评价标准和最大允许相对偏差见表 3-9。

表 3-9　农用地详查 8 项重金属污染状况评价标准和最大允许相对偏差

检测指标	样品类型	评价标准/（mg/kg）	含量范围/（mg/kg）	室内最大允许相对偏差/%	室间最大允许相对偏差/%
总砷	土壤	20	4MDL～10	20	30
			10～20	15	20
			＞20	10	15
	农产品	小麦：0.5 水稻：0.2	4MDL～0.1	35	40
			0.1～1.0	30	35
			＞1.0	25	30
总镉	土壤	0.3	4MDL～0.4	30	35
			＞0.4	25	30
	农产品	小麦：0.1 水稻：0.2	4MDL～0.1	35	40
			0.1～0.2	30	35
			＞0.2	25	30
总铬	土壤	150	4MDL～50	20	25
			50～90	15	20
			＞90	10	15
	农产品	1.0	4MDL～1.0	30	35
			＞1.0	25	30
总铜	土壤	50	4MDL～20	20	25
			20～30	15	20
			＞30	10	15

检测指标	样品类型	评价标准/（mg/kg）	含量范围/（mg/kg）	室内最大允许相对偏差/%	室间最大允许相对偏差/%
总铜	农产品	10	4MDL～20	20	30
			20～30	15	25
			＞30	15	20
总汞	土壤	0.5	4MDL～0.1	35	40
			0.1～0.4	30	35
			＞0.4	25	30
	农产品	0.02	4MDL～0.1	35	40
			0.1～0.2	30	35
			＞0.2	25	30
总镍	土壤	60	4MDL～20	20	25
			20～40	15	20
			＞40	10	15
	农产品	1.0	4MDL～1.0	30	35
			＞1.0	25	30
总铅	土壤	70	4MDL～20	25	30
			20～40	20	25
			＞40	15	20
	农产品	0.2	4MDL～0.1	35	40
			0.1～1.0	30	35
			＞1.0	25	30
总锌	土壤	200	4MDL～50	25	30
			50～90	20	30
			＞90	15	25
	农产品	50	4MDL～50	25	30
			50～90	20	30
			＞90	15	25

土壤密码平行样中8项重金属可提取态比对结果质量评价的最大允许相对偏差按表3-3中土壤含量范围执行，pH实验室内和实验室间最大允许绝对偏差均按±0.5执行；多环芳烃主要对苯并[a]芘进行了质量监控。

2）企业用地调查密码平行样检测结果质量评价

企业用地调查选取《土壤环境质量　建设用地土壤污染风险管控标准（试行）》

（GB 36600—2018）建设用地土壤污染第一类用地筛选值和管制值为土壤密码平行样比对结果评价标准，选取《地下水质量标准》（GB/T 14848—2017）地下水质量III类标准限值为地下水密码平行样比对结果评价标准。土壤和地下水密码平行样主要对 GB 36600—2018 规定的 85 项检测指标进行精密度监控。

当两个土壤密码平行样比对结果均小于等于第一类筛选值、均大于第一类筛选值且小于等于第一类管制值或均大于第一类管制值时，判定比对结果合格；否则应比较两个比对结果的相对偏差，在最大允许相对偏差范围内为合格，其余为有问题结果。

当两个地下水密码平行样比对结果均小于等于地下水质量III类标准限值或均大于地下水质量III类标准限值时，判定比对结果合格；否则应比较两个比对结果的相对偏差，在最大允许相对偏差范围内为合格，其余为有问题结果。

土壤和地下水各检测指标的最大允许相对偏差见表 3-10。

表 3-10　土壤和地下水各检测指标的最大允许相对偏差

检测指标	样品类型	室内最大允许相对偏差/%	室间最大允许相对偏差/%
无机物（13 项）	土壤	25	40
	地下水	30	50
挥发性有机物（31 项）	土壤	65	80
	地下水	35	70
半挥发性有机物（41 项）	土壤	40	70
	地下水	35	70

按合同任务批次统计，土壤样品和地下水样品实验室内密码平行样品累计检测质量合格率均应达到 90%，实验室间密码平行样品累计检测质量合格率均应达到 85%。

（4）密码平行样比对有问题结果的处置方法

对室内密码平行样比对有问题的结果，由质量控制实验室通知有关检测实验室对留样进行复检。如复检确认不属于密码平行样非均匀性等引起的分析测试误差，则该检测实验室应对与有问题密码平行样同批次检测的所有样品进行复检；如复检确认属于密码平行样非均匀性引起的分析测试误差，只要该分析批次实验室内部质量监控数据及统一监控样（若适用）检测结果均合格，质量控制实验室仍可认定该批次送检样品检测结果合格。

对室间密码平行样比对有问题的结果，由质量控制实验室通知两个比对实验室对留样进行交叉复检。如复检确认不属于密码平行样非均匀性等引起的分析测试误差，发生问题的检测实验室应对与有问题密码平行样同批次检测的所有样品进行复检；如复检确认属于密码平行样非均匀性引起的分析测试误差，只要该分析批次实验室内部质量监控数据及统一监控样（若适用）检测结果均合格，质量控制实验室仍可认定该批次样品检测结果合格。如发生问题的检测实验室对交叉复检结果有异议，质量控制实验室可委托国内权威检测实验室对留样进行仲裁分析。

当密码平行样比对结果多次不合格时，质量控制实验室应对相关任务承担单位（包括采样单位、制样单位和检测实验室）是否存在系统风险进行识别。当识别出的任务承担单位存在潜在系统风险时，应及时中止该任务承担单位工作，评估该任务单位已有工作的有效性，必要时采取更换任务承担单位的措施。

3.3.2.2 统一监控样质量控制技术

统一监控样是土壤详查专门研制的用于监控检测实验室分析测试正确度的质量控制用标准物质，主要控制土壤详查样品分析测试的系统误差。土壤详查之所以要专门研制此类标准物质，一方面是由于市售有证标准物质的标准值已广为人知，不利于土壤详查外部质量控制的有效实施；另一方面是市售有证标准物质的种类、检测指标的浓度梯度水平等不能满足土壤详查外部质量控制的需求。土壤详查在项目启动之初，针对农用地详查核心检测指标组织专业机构分介质、分批次、分浓度梯度研制了土壤理化性质（pH、有机质、机械组成、阳离子交换量），土壤中砷、镉、铬、铜、汞、镍、铅、锌 8 项重金属（简称 8 项重金属）总量，土壤中 8 项重金属可提取态，土壤中氟化物，土壤中多环芳烃，土壤中石油烃（C_{10}～C_{40}）总量和大米粉中 8 项重金属总量，小麦粉中 8 项重金属总量等总计 11 种 62 批次土壤详查统一监控样，并成功应用于监控土壤详查样品分析测试的正确度。

（1）统一监控样研制与定值

1）原料样品的采集与加工制备

为保证土壤统一监控样品与土壤详查检测样品基体基本匹配，土壤详查要求研制单位尽量采集不同土壤类型和不同含量水平的土壤原料样品。为此，研制单位在全国各地预先设点采集了少量土壤样品，经实验室检测确认符合要求后实施土壤原料样品批量采集。采集的土壤原料样品经干燥、除杂、研磨、筛分、混匀等系列加工制备工序，经均匀性初检合格后样品装瓶，再进一步进行均匀性、稳定性检验和定值分析。

农产品统一监控样也试图直接采集不同污染含量水平的小麦和水稻原料样品，但预研究发现存在一定的困难，实际只能采集到仅镉、砷、铜、锌 4 项重金属元素有一定浓度梯度的样品，但铬、汞、镍、铅 4 项金属元素含量处于同一水平，不能满足农用地详查农产品统一监控样高、中、低浓度梯度要求。因此，在研制农产品统一监控样时采用了目标物添加技术，即在低含量的农产品原料样品去皮（壳）后添加适量的重金属溶液。添加样品经过干燥、研磨、混匀，经均匀性初检合格后装瓶，再进一步进行均匀性、稳定性检验和定值分析。

为避免土壤详查实验室对统一监控样过度进行检测分析，土壤详查要求统一监控样单个样品的包装量以保证满足实验室单次检测分析所需样品量为原则。土壤和农产品样品中各检测指标单次分析的样品用量分别依据《全国土壤污染状况详查土壤样品分析方法技术规定》和《全国土壤污染状况详查农产品样品分析方法技术规定》推荐的分析方法确定。存在多个分析方法的，依据用量最大的分析方法确定。

2）均匀性和稳定性检验

每批统一监控样在加工制备完成后均应开展样品均匀性检验。均匀性抽检样品数量应不少于 15 个最小包装单元，检测指标应是该统一监控样计划定值指标，并尽可能涵盖所有定值指标。除非研制单位能够证明样品中非定值指标与计划定值指标之间存在均匀性相关性，原则上不允许采用非定值指标均匀性检验结果替代计划定值指标的均匀性检验。

通过均匀性检验的统一监控样，由研制单位负责按照标准物质研制有关技术规范的要求开展稳定性检验，稳定性检验的检测指标要求至少应涵盖计划定值指标中不易稳定的指标。在农用地详查期间，统一监控样研制单位完成了 4 次稳定性检验，结果表明所有统一监控样稳定性良好。

3）定值分析

每批统一监控样在确认计划定值指标足够均匀之后，由研制单位组织国内技术水平较高的实验室（一般不少于 8 家）开展多家实验室协作测定。要求参加协作测定的实验室尽可能采用土壤详查统一规定的样品分析方法，每个实验室对每个定值指标应提交 4～6 组（个）独立的定值分析数据。

研制单位严格按照标准物质定值有关技术规范在数据汇总后首先进行技术审查，去除技术上有问题的数据，然后再依次进行统计检验。分别采用 Grubbs 准则检验实验室组内平行分析数据是否有异常值，采用 Cochran 准则检验各实验室测定数据的精密度是否一致，采用 Dixon 准则检验各实验室的平均值是否有异常值；采用偏度/峰度法对全部协作测定数据进行正态性检验。对上述统计检验查得的可疑值或离群值处理原则为：经 Grubbs 准则查得的统计离群值舍去，可疑值一般只标注，但不舍去；经 Cochran 准则查得的统计离群值，如其相对标准偏差≤10%，在可接受的范围内，原则上将不剔除，而是将其参与统计计算；经 Dixon 准则查得的统计离群值均舍去。对经技术剔除和统计剔除后的所有有效数据，采用偏度/峰度法考察数据的分布情况。当数据分布为单峰分布（正态分布或近似正态分布）时，以多家实验室测定的总均值为该统一监控样的指定值，统一监控样指定值的质量控制报警限值由国家级质量控制实验室和各统一监控样研制单位专家共同会议研究确定。土壤详查研制的土壤和农产品统一监控样定值方法详细情况见表 3-11。

表 3-11　土壤详查统一监控样定值方法一览表

<table>
<tr><th>序号</th><th>统一监控样种类</th><th>定值指标</th><th>指定值</th><th>质量控制报警上、下限值</th></tr>
<tr><td>1</td><td>土壤中 8 项重金属总量</td><td>总砷、总镉、总铬、总铜、总汞、总镍、总铅、总锌</td><td rowspan="7">对经技术剔除和统计剔除之后所有有效协作测定数据的总平均值</td><td>按照《农用地土壤污染状况详查质量保证与质量控制技术规定》表 1 中的相对误差计算获得</td></tr>
<tr><td>2</td><td>土壤中多环芳烃</td><td>苯并[a]芘</td><td>按照指定值的±60%给出</td></tr>
<tr><td>3</td><td>土壤 pH</td><td>pH</td><td>酸性土壤样品（pH<6.5）和碱性土壤样品（pH>7.5）的报警上、下限值为指定值±0.30；中性土壤样品的报警上、下限值为指定值±0.40</td></tr>
<tr><td>4</td><td>土壤有机质</td><td>有机质</td><td>以协作测定平均值标准偏差的 3 倍（±3S）给出</td></tr>
<tr><td>5</td><td>土壤机械组成</td><td>土壤质地类型</td><td>提供土壤砂土、壤土、黏土类型划分参考依据</td></tr>
<tr><td>6</td><td>土壤阳离子交换量*</td><td>阳离子交换量</td><td>以协作测定平均值标准偏差的 3 倍（±3S）给出</td></tr>
<tr><td>7</td><td>土壤中氟化物</td><td>可溶性氟化物</td><td>以协作测定平均值标准偏差的 3 倍（±3S）给出</td></tr>
<tr><td>8</td><td>土壤中石油烃</td><td>石油烃总量（C_{10}～C_{40}）</td><td>由土壤详查实验室的分析测试结果采用稳健统计方法确定的稳健平均值</td><td>以稳健统计标准化四分位间距的 3 倍（±3S）给出</td></tr>
<tr><td>9</td><td>土壤中 8 项重金属可提取态</td><td>砷、镉、铬、铜、汞、镍、铅、锌 8 项重金属可提取态</td><td rowspan="2">对经技术剔除和统计剔除之后所有有效协作测定数据的总平均值</td><td>协作测定平均值标准偏差的 3 倍（±3S）给出</td></tr>
<tr><td>10</td><td>大米粉 8 项重金属总量</td><td>总砷、总镉、总铬、总铜、总汞、总镍、总铅、总锌</td><td>一般按照《农用地土壤污染状况详查质量保证与质量控制技术规定》表 2 中的相对误差计算获得，铬和铅以协作测定平均值标准偏差的 3 倍（±3S）给出</td></tr>
</table>

序号	统一监控样种类	定值指标	指定值	质量控制报警上、下限值
11	小麦粉 8 项重金属总量	总砷、总镉、总铬、总铜、总汞、总镍、总铅、总锌	对经技术剔除和统计剔除之后所有有效协作测定数据的总平均值	一般按照《农用地土壤污染状况详查质量保证与质量控制技术规定》表 2 中的相对误差计算获得，铬和镍以协作测定平均值标准偏差的 3 倍（±3*S*）给出

注：* 需在样品标签上加注酸性、中性或碱性。

（2）统一监控样流转与检测

统一监控样由省级质量控制实验室在样品流转中心以明码方式按样包插入送检样品中，每个统一监控样均有唯一的样品编码。每个送检样包中插入 1 份统一监控样，土壤无机和理化性质检测指标样品与农产品样品的送检样包中样品总数不能大于 50 份；土壤多环芳烃送检样包中样品总数不能大于 20 份。

为了保证统一监控样有效发挥质量监控作用，特别要求检测实验室将统一监控样品与同样包详查送检样品一起进行检测分析，不允许将统一监控样与详查样品分开单独进行检测。

（3）统一监控样检测结果质量评价方法

统一监控样检测结果随同批次详查送检样品的检测结果一起上报土壤详查信息系统，信息系统根据预设的统一监控样质量控制报警上、下限值自动判定检测结果是否合格。若统一监控样检测结果在质量控制报警上、下限值范围内，则判定为合格结果。否则，为有问题结果，由信息系统直接发出质量控制报警提示。

（4）统一监控样检测有问题结果的处置方法

对信息系统显示有问题的统一监控样检测结果，由省级质量控制实验室通知检测实验室查明发生问题的原因，采取适当的纠正和预防措施。若需复检的，由省级质量控制实验室向检测实验室提供新的统一监控样，由检测实验室将其插入已完成但结果不合格的送检批次详查样品中一起进行复检，直至新的统一监控样品复检合格为止。

3.4　地块基础信息调查质量控制

地块基础信息调查是企业用地调查中的基础性工作，主要为地块风险筛查和风险等级划分提供重要信息和关键参数。因此，对地块基础信息调查进行质量控制十分重要和必要。为此，本次企业用地调查实践探索建立了一套信息采集质量控制技术和基础信息调查数据审核方法。

3.4.1 信息采集质量控制技术

信息采集主要通过资料收集、现场踏勘和人员访谈等方式，将收集到的企业及地块历史和现状信息，经核实确认后填入基础信息调查表，录入基础信息调查数据库。

3.4.1.1 质量控制对象

地块信息采集质量控制主要是检查基础信息调查表填报质量，对已完成填报的基础信息调查表，检查调查表填报的完整性、规范性和准确性。

3.4.1.2 质量控制方法

调查表填报质量检查主要通过查看地块基本资料和辅助资料的收集情况、现场踏勘和人员访谈记录、地块信息档案情况和空间信息文件，初步评判资料收集情况是否足以支撑调查表填报，建档是否规范。调查表填报质量检查主要检查填报信息的完整性、规范性和准确性。

（1）信息完整性检查

检查调查表中应填报项是否全部填报。若有缺项，统计关键信息项和一般信息项的未填信息项数。关键信息项的未填信息项超过 2 项或一般信息项的未填信息项数超过 5 项，则判定为信息完整性检查不合格。对于缺项，如能提供合理说明则不计入未填信息项。信息采集工作组提供的说明如足以证明其履职尽责或为地方生态环境部门认可，则认为说明合理。

（2）信息规范性检查

检查调查表中已填报项是否按照调查信息采集填表说明规范填报。统计关键信息项和一般信息项的不规范填报信息项数。若关键信息项的不规范填报信息项数超过 2 项或一般信息项的不规范填报信息项数超过 5 项，则判定为信息规范性检查不合格。

（3）信息准确性检查

检查调查表中关键信息项填报是否准确，尤其要关注地块风险筛查高分值指标项对应的信息项。统计不准确的关键信息项数，不准确信息项数超过 2 项，则判定为信息准确性检查不合格。本项检查主要基于调查表填报时上传的证明材料、地块电子档案和纸质档案综合分析后判定，如多源信息项是否合理甄别选择、关联信息项是否前后矛盾、信息项填报是否综合考虑地块历史使用情况等。

（4）调查表填报质量评价

在地块信息完整性、规范性和准确性检查中，若有 1 项不合格则判定该调查表填报质量不合格；若 3 项均合格，但统计调查表中关键信息项的未填信息项、不规范信息项和不准确信息项总数超过 4 项，则也判定为调查表填报质量不合格。

3.4.1.3 实施程序

地块信息采集质量检查分自审、内审和外审三级进行，其中自审和内审为调查单位的内部质量检查。

（1）调查表填报的内部质量检查

调查单位组建信息采集工作组，指定质量检查员；组建信息采集质量检查组，指定组长，制订内审工作计划，统计内审一次通过率。

工作组质量检查员对本组完成的调查表逐一进行自审。自审合格的调查表，由质量检查员签字确认后提交本单位质量检查组进行内审；自审不合格的，工作组应及时进行修改完善，直至自审合格后签字提交。质量检查员除对本工作组完成的调查表进行自审外，还可在工作组间交互审查，统一调查单位内部各工作组之间的质量要求。

质量检查组对自审通过提交的调查表逐一进行内审。内审合格的调查表，由质量检查组组长签字确认后通过企业用地调查信息管理系统提交，提交后调查单位将不能更改；内审不合格的，质量检查组应将审查意见反馈给有关责任工作组，由责任工作组及时进行整改，并将修改完善的调查表提交质量检查组再次内审，直至内审合格。

（2）调查表填报的外部质量检查

质量控制单位结合信息采集工作的组织实施模式，建立信息采集质量控制工作机制，组建外审质量控制专家队伍，制订质量控制工作计划；结合信息采集工作进展同步启动质量控制工作，分批次对调查单位内审通过后提交的调查表进行检查。外审对每家调查单位已完成信息采集地块的检查比例不低于 20%，适当加大对在产企业用地调查表的检查比例。每个地块外审完成后填写调查表填报质量检查表，对不符合项应进行标注，对检查不合格的地块应出具调查表整改意见单。在一个批次地块的外审工作完成后，质量控制单位应填写调查表填报质量检查汇总表，出具该批次外审意见。

若外审检查的调查表合格率达到 80%以上，则该批次外审检查为合格；若合格率小于 80%，则该批次外审检查为不合格。

对于批次外审检查合格的，调查单位应对外审发现的不合格调查表进行整改完善，并将修改后的调查表及整改回复单重新提交质量控制单位外审，直至全部合格为止。

对于批次外审检查不合格的，调查单位应对外审发现的不合格调查表和该批次其他未被检查到的调查表进行整改完善，并将修改后的调查表及整改回复单重新提交质量控制单位外审，直至该批次合格为止。对批次检查不合格的调查单位，质量控制单位应加大后续批次的外审检查比例。

3.4.2 基础信息调查数据审核方法

由于信息采集质量控制主要是通过各级质量控制专家具体实施的，客观上不可避免因专家技术能力和水平差异产生的质量控制效果差异，因此，经过信息采集质量控制之后形成的地块基础信息调查数据库，仍需要通过数据逻辑比对、统计分析等大数据比对方法对基础信息调查异常数据的质量进一步审核把关，识别与核实可能存在的异常数据和信息。

3.4.2.1 质量控制对象

通过各级质量控制专家审核并进入基础信息调查数据库中地块基础信息调查数据。

3.4.2.2 质量控制方法

按照数据结构差异可将企业用地调查基础信息分为文本型（如污染物名称）、数值型（如地块编码、污染物浓度）、选择判断型（如登记注册类型、是否有废气治理设施）。在大数据比对分析过程中，对于文本型数据，主要判断文本内容填写是否规范；对于数值型数据，需判断数值类型（如应填写整数还是小数，小数保留几位有效数字）是否正确、数量级是否异常、编码是否符合规则等；对于选择判断型数据，一方面判断是否空值，另一方面判断存在逻辑关系的相关项是否矛盾。

企业用地调查基础信息类型的统计情况见表 3-12。

表 3-12 企业用地调查基础信息类型统计表

在产企业地块	文本型	数值型	选择判断型	综合（包含两种及以上形式）	其他非填报项
地块基本情况表	5	8	2	1	0
污染源信息调查表	4	4	22	3	11
迁移途径信息调查表	0	2	4	0	1
敏感受体信息调查表	0	1	3	1	0
土壤或地下水环境监测调查表	2	4	4	0	4
合计	11	19	35	5	16

关闭搬迁企业地块	文本型	数值型	选择判断型	综合（包含两种及以上形式）	其他非填报项
地块基本情况表	7	6	4	1	0
污染源信息调查表	1	1	8	1	5
迁移途径信息调查表	0	2	4	0	1
敏感受体信息调查表	0	0	4	1	0
环境监测和调查评估信息调查表	5	7	7	0	7
合计	13	16	27	3	13

3.4.2.3　实施程序

（1）清洗和核实数据

对于企业用地调查基础信息数据库中的数据，利用数据清洗技术将空值、错别字、特殊字符等干扰项进行剔除，获得标准数据集。建立异常数据识别规则，利用机器学习方法建立异常数据检测模型，对疑似异常的地块进行标注，并输出名单。对异常数据进一步聚类，筛选出导致数据异常的指标项进行核实。

（2）审核相关信息项的逻辑关系

从企业用地调查基础信息数据库中读取信息表，筛选出存在逻辑关系的信息项，利用机器学习方法构建逻辑关系判断模型，进行逻辑关系审核。汇总每一条逻辑关系的审核结果，符合规则的标注为 1，不符合的标注为 0。对于企业地块而言，所有规则审核的结果均为 1 的，说明该地块的基础信息填报符合要求；比对结果有 0 的企业地块，说明填报有不符合填报逻辑的信息项，须找出相应的信息项进行核实。

3.5　调查数据与信息质量管理

应用现代信息技术，加强对土壤详查过程中数据和信息质量进行有效管理，是保障土壤详查工作质量的基础。

3.5.1　多源数据比对验证技术

核实确定土壤重点污染源数据名单既是确定农用地详查范围和单元划分的需要，也是确定企业用地调查对象名单的需要。在土壤详查工作启动时，我国尚未建立一套完整的土壤重点污染源数据名单，因此，需要根据当时实际已有企业相关数据进行比对验证确定调查对象名单。

3.5.1.1 数据来源

土壤详查调查对象名单涉及的数据来源主要包括以下内容：

（1）全国性的企业调查统计数据，如全国第一次污染源普查数据、全国第二次污染源普查数据、国家统计局统计数据等。

（2）各类专门性工作形成的企业名单数据，如全国环境统计数据、全国重点监管单位数据、全国危险化学品搬迁改造企业名单、持证危险废物填埋场名单等。

（3）地方汇总辖区内相关部门的企业数据。

（4）网络舆情类企业数据，如各类环境网站、网络地图数据等。

3.5.1.2 质量控制方法

（1）数据规范化

不同来源的数据名单，信息规范性较差，难以直接进行名单数据比对分析。因此，首先需要将名单信息规范化。具体包括：①进行企业名单数据编码规范化，确保每个企业有唯一编码，而且可以通过该编码全程跟踪企业的各类信息变化，包括企业名称、位置、状态等各种变化；②字段规范化，确保各个名单能够整合为一张数据大表；③名单初始规范化，通过初始化名单，形成工作基础，再根据调查工作的推进，不断更新补充。

（2）数据比对验证方法

不同来源的数据名单可运用模糊算法和精准匹配相结合进行比对验证。精准匹配精度高，但由于企业名称或其他属性字段不够规范，有时难以全面发现识别新增企业，因此需要结合模糊匹配方法。模糊匹配是基于编辑距离算法开发的算法，而且将数值量化为相似度评分，能够实现企业名称因字符错写、字符省略而存在的差异的批量比对。调查对象名单及其他多源数据名单一般均具备省、市、县、企业名称等基本信息，但企业名称可能存在少许差异，可利用模糊匹配的方法将已有调查对象名单与其他多源数据名单通过行政区域的一致性和企业名称的相似性进行比对，快速识别两个不同表之间的企业名称模糊连接相似的行，并给出企业名称的相似度，从而辅助判定地方删减该企业的合理性。

不同来源的数据名单也可运用大数据进行综合比对分析。通过比对企业遥感影像特征、企业工商注册信息、原始信息、网络信息等多源信息，判断各类信息匹配性，分析企业位置、存在状态等，从而确定地方对调查对象增补的全面性和删减的合理性，保障调查对象应查尽查。

3.5.1.3　实施程序

调查对象多源数据相互验证组织实施程序见图 3-1。

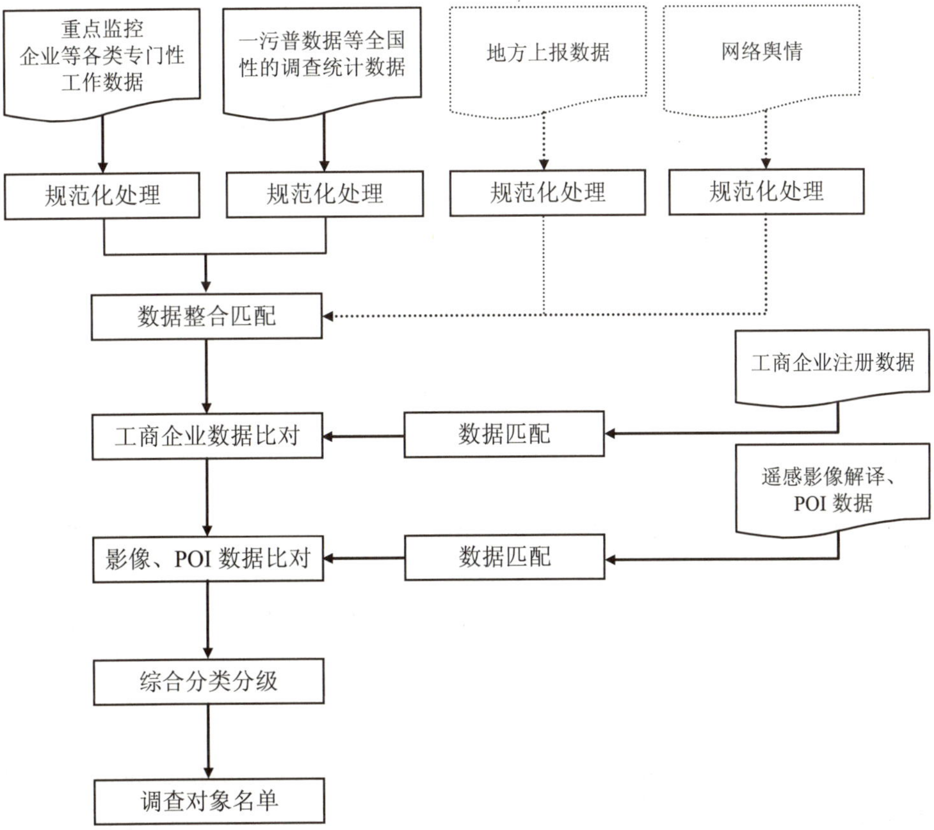

图 3-1　调查对象多源数据相互验证图

（1）规范化处理

收集调查对象多源数据，分别开展数据质量评估、统一编号标注、数据格式标准化等预处理。

（2）数据整合匹配

设置合适的匹配参数和要求，以土壤污染相关重点行业企业名录为基础，整合第一次污染源普查、地方上报等企业名录数据，初步形成核心的土壤详查重点行业企业初始名单。

（3）工商企业数据比对

设置合适的匹配参数和要求，关联工商系统的相关企业数据，关联企业经营状态、注册资本、地址等属性信息，标注名单中已被注销的重点行业企业；补充名单中遗漏的重点行业企业。

（4）企业 POI[①]数据比对

整合相关行业企业 POI 数据，关联企业经纬度、地址等属性信息，补充名单中遗漏的重点行业企业，部分企业可根据空间位置进行遥感再核实，确定调查对象的状态。

（5）综合分级分类

综合数据来源、比对匹配程度等，根据土壤详查需求进行分类分级，确认调查对象名单。

3.5.2 采样信息化管理技术

为保障土壤详查顺利实施并按期、高质量完成任务，土壤详查专门研发了全国农用地土壤污染状况详查信息管理系统（以下简称农用地详查系统）和全国重点行业企业用地土壤污染状况调查信息管理系统（以下简称企业用地调查系统）。农用地详查系统由信息管理系统和样品采集、制备、流转、分析测试、质量控制检查等手持终端安卓软件组成。企业用地调查系统由信息管理系统和样品采集、样品测试手持终端安卓软件组成。

农用地详查和企业用地调查两个手持终端与信息管理系统的应用，为落实土壤详查各环节技术要求、切实做好全过程质量控制发挥了重要支撑作用。

3.5.2.1 控制调查点位偏移

按照农用地详查相关技术要求，详查计划点位偏移距离不得超过 50 m，如偏移距离超过 50 m，需要提供相关说明。农用地详查样品采集终端软件，通过提取手持终端设备定位模块的定位数据，计算和记录当前采样位置（经度、纬度）与计划采样位置（经度、纬度）的距离，当手持终端软件判定该距离超出 50 m 时，要求通过终端软件录入点位偏移原因并拍摄和提交原采样位置相关照片，针对偏移超过 50 m 的点位重点进行采样现场检查。相关设计实现了对农用地详查过程中采样点位偏移的科学管理，确保了采样点定位工作质量。

3.5.2.2 规范记录采样信息

农用地详查样品采集终端软件的使用，实现了样品采集过程中相关信息和照片均通过终端软件录入和上传。对土地利用方式、灌溉方式、采样地点所在行政区、耕作方式、地形地貌、土壤系统分类、土壤发生分类、样点周边信息等均采用下拉列表填报，实现

① Point of Interest，兴趣点。

了全国数据报告格式的规范统一。

企业用地调查采样终端软件的使用，实现了土壤和地下水样品采集过程中信息规范填写与实时上传。对于土壤样品，可完成包括地块基本信息、钻孔基本信息、土壤样品基本信息、地层性质基本信息、采样准备、土孔钻探、土壤样品采集与保存、土壤采样记录单、质量控制记录单等技术文件中要求的土壤钻孔采样信息记录以及关键环节照片拍摄等。对于地下水样品，可完成包括地块基本信息、采样井基本信息、采样准备、地下水采样井建设、地下水样品采集与保存、采样记录单、质量控制记录单等技术文件中要求的地下水建井采样信息记录以及关键环节照片拍摄等。

3.5.2.3　实时审核采样资料

农用地详查样品采集终端的应用，借助“互联网+样品采集”技术，实现了野外采样信息通过移动互联网实时传输至详查数据服务器，采样单位内审人员通过信息系统可实时审核采样小组提交的采样资料，查询采样小组移动航迹图，审核采样过程规范性。

企业用地调查样品采集终端的应用，支持采样单位内审人员通过信息系统可实时审核采样小组提交的土壤和地下水采样资料，审核采样过程规范性。采样终端向信息系统传输现场采样记录以及照片信息，系统对这些信息进行分类整理，形成资料审查参考内容，显示地块已上传全部样品信息并进行质量控制样统计，同时分环节显示采样质量控制检查要求的包括采样准备、土孔钻探、地下水采样井建设、土壤样品采集与保存、地下水样品采集与保存、样品运送与接收等的现场照片，内容涵盖了不同检查环节的几乎全部检查项目，审核人员可通过对参考内容等进行检查和分析，判断采样过程是否符合规范要求。

3.5.2.4　加密处理样品编码

通过信息管理系统对农用地详查和企业用地调查所有检测子样采用二维条码技术进行了统一编码和转码。

以农用地详查为例，信息系统根据相关技术规定要求，自动生成每个调查点位表层土壤、深层土壤、农产品样品的主样编码，主样编码对于同一调查点位不同深度土壤样品、农产品而言独立且唯一。

对于有机污染物调查样品，每个主样会与多个不同编号的检测子样关联，采样过程中信息系统自动对上述每份有机检测子样及其密码平行样进行第一次转码编号，转码后检测子样和密码平行样编号可保持独立唯一。考虑到部分检测实验室可能参与采样工作，在样品流转中心建包送检时，通过信息系统对上述有机检测子样进行第二次转码编号，然后再送实验室检测。

对于重金属和其他无机污染物调查样品，每份主样在野外采集 1 份新鲜土壤/农产品样品，经风干、加工制备后分装国家入库样、省级入库样、留存样和多份检测子样，系统对制备后的每份子样进行第一次转码编号，制备后的子样在流转中心新建样包时进行第二次加密编号，然后送实验室检测。

实验室完成各类检测子样数据报送后，系统根据检测子样与主样的关联关系，可将各项检测指标的检测数据汇总至主样编码，便于土壤详查数据的统计分析和分析结果的空间表征。

3.5.3 调查数据库管理技术

土壤详查数据不仅包含基础地理数据和遥感影像数据，还包括调查对象的基础信息数据、布点方案及布点信息数据、采样现场照片、样品流转数据、样品分析测试数据、分析评价结果和成果集成数据等。为此，土壤详查专门建设了详查数据库管理系统，实现土壤详查相关数据的汇总、相关业务流程的信息化支撑和数据共享。

数据管理工作范围涵盖了土壤详查全过程的所有数据成果，其中详查过程数据是数据管理技术应用的难点和重点，相关工作基于详查过程中采用的数据统一编码管理、数据汇交质量校验、数据多维质量控制预警等技术开展。

3.5.3.1 数据统一编码管理

全国土壤详查在数据库设计阶段，采用唯一编码贯穿全业务过程。农用地详查单元编码（10 位）按照第 1～6 位码为行政区划代码，第 7～9 位码为详查单元代码，第 10 位码为详查单元类型代码；点位编码（12 位）按照第 1～6 位码为行政区划代码，第 7～10 位码为采样点代码，第 11 位码为农用地类型代码，第 12 位码为样品代码。企业用地编码（21 位）组成包括地块编码+样点编码+样品编码，其中第 1～6 位码为行政区划代码，第 7 位码为地块类型代码，第 8～9 位码为行业大类代码，第 10～13 位码为流水代码，第 14～17 位码为样点代码，第 18～21 位码为样品代码。土壤详查过程全部业务过程以编码固定，实现编码的唯一性。

在土壤详查工作过程中，系统根据编码规则自动生成样点编码、样品编码，依据检测指标项、分析方法设定检测项字典和分析方法字典，保持两种字典在数据上报过程中的唯一性。用户根据检测模板填报并选择相应的分析方法，系统通过样品编码规则判定样品是否存在，通过上报的检测项编码和分析方法编码查找对应检测项字典和分析方法字典，判定检测项和分析方法是否一一对应。土壤详查数据成果上报时，样点、样品等成果数据与数据字典进行关联，实现详查成果通过系统进行不同维度的查询和统计分析。

3.5.3.2　数据汇交质量校验

全国土壤详查数据库采用关系型数据库，在汇交存储过程中数据保存至多张数据表中。农用地详查数据汇交时，实验室通过专用密钥登录独立部署在实验室内网的检测实验室分析填报系统，上交数据时系统对数据进行加密。在各省质量控制人员审核数据过程中，系统对数据进行解密，审核后的数据由省提交至国家，提交过程中系统将样点、样品数据进行二次加密并统一打包，充分保障数据的安全性。在企业用地调查数据汇交过程中，采集的基础信息、样品信息等通过互联网进行上报，再传输至环保专网，在传输过程中进行单通道数据加密。在存储过程中，运用数据加密字典技术对上报的成果数据进行加密存储，保障数据的安全性。

数据汇交后系统对数据进行解密校验。系统先根据省级全覆盖、检测实验室全覆盖、核心检测指标全覆盖的原则对提交样包进行审核，然后验证填报信息是否完整，样品编码和样点编码关系是否对应，检测结果是否合理。对于无法通过系统验证的数据，系统会给予错误提示，并在系统中以红色背景进行高亮显示，方便省级质量控制人员进行复核。复核后无须修改的数据可强制提交，但需要提供强制提交的充分理由、数据质量验证说明；需要修改的数据，系统保留原始数据，针对新上报的数据重新进行校验，防止数据重复、错误等情况。

3.5.3.3　数据多维质量控制预警

全国土壤详查信息管理平台对上报的室内密码平行样、室间密码平行样和统一监控样检测结果实施预警管理。依托分别预先设置的质量控制报警限值，对上报的室内、室间密码平行样比对结果和统一监控样检测结果实现自动精准识别和数据审核，对超过质量控制报警限值的数据和样品进行实时预警，并直观展示预警样品的详细信息。密码平行样和统一监控样均以绿色表示合格结果、以红色表示不合格结果，方便各级质量控制人员对预警数据和样品逐一进行排查。信息管理平台还可实时计算室内密码平行样、室间密码平行样和统一监控样检测合格样品数量和检测指标数量，并根据计算结果展示一次合格率的统计结果。

全国土壤详查信息管理平台对各省上报的样品分析测试数据中不合格的检测指标进行预警提示，对单项指标、多项综合指标的预警结果，根据点位坐标信息进行空间可视化展示。通过对预警结果在地图中的定位及空间统计分析，直观地展示预警结果占比情况及在全国的分布情况，方便质量管理人员清晰了解数据审核结果及数据质量控制情况，协助管理部门制定具有针对性的整改措施。

第 4 章　农用地详查全过程质量控制实践

农用地详查包括详查范围确定、单元划分、点位布设、样品采集、样品制备、样品流转与保存、样品分析测试、调查数据综合评价与成果集成等工作环节。对农用地详查全过程实施有效的质量控制是确保调查工作质量的重要保障。本章主要介绍农用地详查各工作环节的质量目标、质量控制要点与难点、质量控制方式、质量控制要求、质量控制结果与评价等内容，并以典型案例的方式对农用地详查过程中出现的常见质量问题进行了举例说明。

4.1　详查范围确定、单元划分与点位布设

农用地详查范围涵盖已有调查土壤点位超标区、土壤重点污染源影响区、前期调查发现的疑似农用地污染区域等，这些区域空间叠加合并之后确定为详查范围。在详查范围内，综合考虑农用地受污染规律和特点、地形地貌、污染源类型等，合理划分详查单元，并进行差异化布点，以实现查明农用地污染面积和分布的工作目标。

4.1.1　质量目标

确保详查范围全面，详查单元划分科学、合理，点位布设具有针对性、代表性和可行性。

4.1.2　质量控制要点与难点

4.1.2.1　详查范围确定

对土壤重点污染源影响区是否开展污染源空间位置核实和必要调整，是否根据核实

结果进行必要的调整；对已有调查土壤点位超标区、前期调查发现的疑似农用地污染区域等，是否针对所有问题区域进行全面核查和空间定位；已知农产品重金属超标问题所在区域是否纳入详查范围；连片区域中呈孤立状态超标点位的核实处理结果是否合理。

4.1.2.2　详查单元划分

详查单元边界划定是否合理，不同单元的边界是否有重叠；是否每个单元均已编码，编码是否符合规定要求；单元范围是否已覆盖重点污染源影响范围或超标区内的全部农用地。

4.1.2.3　详查点位布设

点位布设是否完整覆盖所有详查单元，是否布设在农用地上，土壤表层点位、土壤深层点位、农产品协调点位和密码平行样质量控制样点位等各类点位布设是否规范、全面，对应关系是否正确，是否符合规定的布设精度和位置等要求；是否布设在详查单元的主要用地类型上和主栽农产品的农用地上；在同一详查单元内的点位布设是否相对均匀；点位布设是否具有针对性，农用地疑似污染区是否重点布设；布设点位是否可行，点位位置是否可达，农产品样品是否可获得；是否对点位位置和坐标、点位类型、编码、需要采集样品等布点信息进行了审核。

4.1.3　质量控制方式

组织专家对详查范围确定、详查单元划分与点位布设方案的科学性、合理性、完备性进行审核，包括形式审查、技术审查和现场核查等。

（1）形式审查

主要对详查范围确定、单元划分和点位布设工作总结和空间矢量图层、点位核实成果确认单的完整性、准确性和逻辑性进行审核。

（2）技术审查

主要依据技术规范对单元划分和布点过程进行技术审核。

（3）现场核查

主要对信息确认或存疑的企业、不能确定边界的问题突出区域、超标或污染成因不明等区域范围及详查单元边界合理性进行审核。

质量控制检查表见附录 1 附表 A-1。

4.1.4 质量控制要求

（1）任务承担单位自审的文件审核和现场核查比例均为 100%。

（2）省级外审的文件审核比例为 100%，现场核查比例各省（区、市）结合实际自行确定。

（3）国家级抽审的文件审核比例不少于 25%。

4.1.5 质量控制结果与评价

（1）任务承担单位内审

各任务承担单位均按要求完成了全部文件审核和现场核查，对国家级抽审和省级外审发现的质量问题，均按照专家审核意见进行了整改，全部完成质量控制闭环工作。

（2）省级外审

各省（区、市）对任务承担单位工作质量进行外审，分别统计各类核实内容的审核结果，形成结果清单，省级外审文件审核比例均达到 100%，各省（区、市）均开展了现场核查，针对发现的问题均进行了反馈和完善，最终合格率达到了 100%。

（3）国家级审核

国家对各省上报的文件均进行了审核，审核比例超过 25%，经反馈、修改完善后全部符合要求。

4.1.6 实践中常见问题案例

（1）详查单元边界覆盖范围不全

图 4-1 为山中谷地，周边有 1 个重点污染源（绿色星号），为重点污染源影响区和其他疑似农用地污染区的叠加区域，初步划定了 1 个详查单元。审核时发现，该单元范围偏小，只覆盖重点污染源的影响范围，未完全覆盖其他疑似农用地污染区（黄色网格内农用地）。因此，需要调整详查单元范围，将重点污染源影响区和其他疑似农用地污染区范围内的所有农用地均纳入详查单元。

（2）详查单元边界划分不规范

图 4-2 为某重点污染源影响区单元划分结果，该区域位于左侧山区和右侧河流过渡区域，共布设了 4 个调查点位，划定为 1 个详查单元。按照技术要求，详查单元划分应综合考虑地形地貌、土壤类型、农用地类型、水系和道路等因素；经审核，该区域详查单元划分存在两个问题：一是没有充分考虑“源-汇”关系，图中调查点位 A 与污染源 B 之间由于受山地阻隔，受污染源 B 的影响很小，可不纳入详查单元；二是污染影响范

围内的农用地未全部纳入详查单元，即污染源 B 周边农用地及 C 区域的农用地未完全纳入详查单元，造成调查区域遗漏。因此，该详查单元的边界需要结合“源-汇”关系、地形地貌和土地利用等因素进行调整。

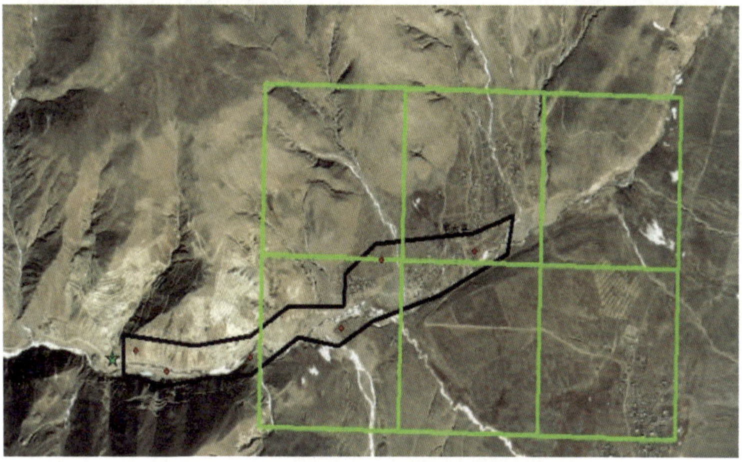

图 4-1　详查单元边界覆盖范围不全示例

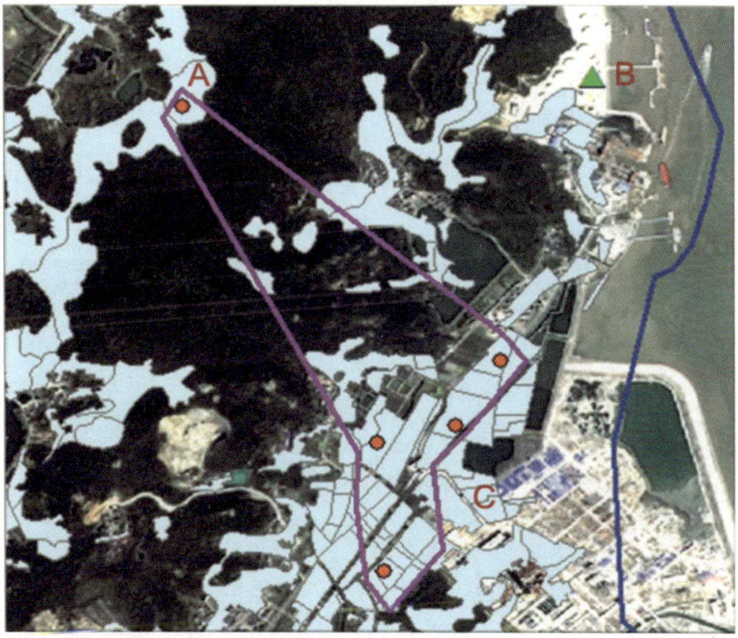

图 4-2　详查单元边界划分不规范示例

（3）详查单元中包含非农用地

图 4-3 为某重点污染源影响区，该区域为平原，地势平坦、开阔，划定了 1 个详查单元。对详查单元进行审核时发现，单元外存在两个空间上不连续的独立多边形 A 和 B，

且两个多边形内均没有农用地分布，因此需要从详查单元中删除多边形 A 和 B。

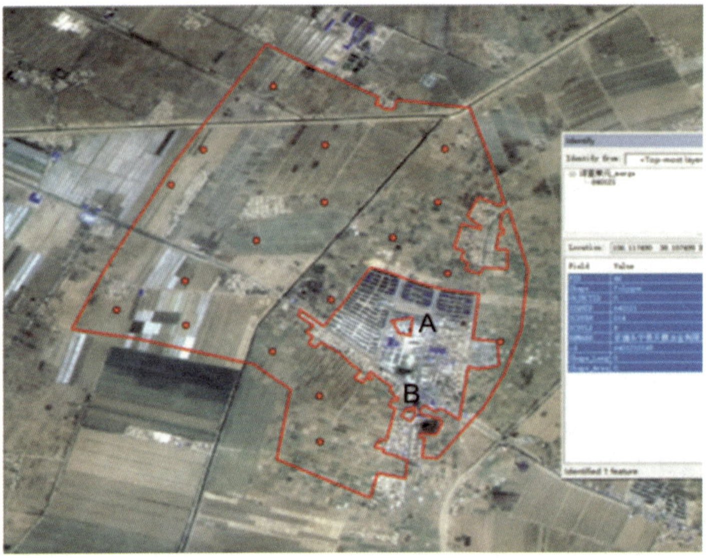

图 4-3 详查单元中包含非农用地示例

（4）同区域同类型详查单元划分过细

图 4-4 区域为平原，地势平坦、开阔，共存在 5 个污染源，初步单元划分时划定了 5 个单元。审核时发现，这 5 个污染源分布较集中，且均为大气型污染源，5 个同类型详查单元影响范围存在重叠；结合污染源分布、影响范围和农用地分布，可以将 5 个详查单元合并为 2 个单元。

图 4-4 同区域同类型详查单元划分过细示例

（5）详查单元边界重叠

图 4-5 为丘陵地区，为土壤点位超标区（蓝色网格）和问题突出区域，初步划定了 1 个 A 类型（污水灌溉型）详查单元和 1 个 C 类型（其他类型）详查单元。审核时发现 2 个详查单元存在重叠区域。因此，需要结合水系、道路等地表表征，对 2 个详查单元边界进行调整，确保 2 个单元不重叠。

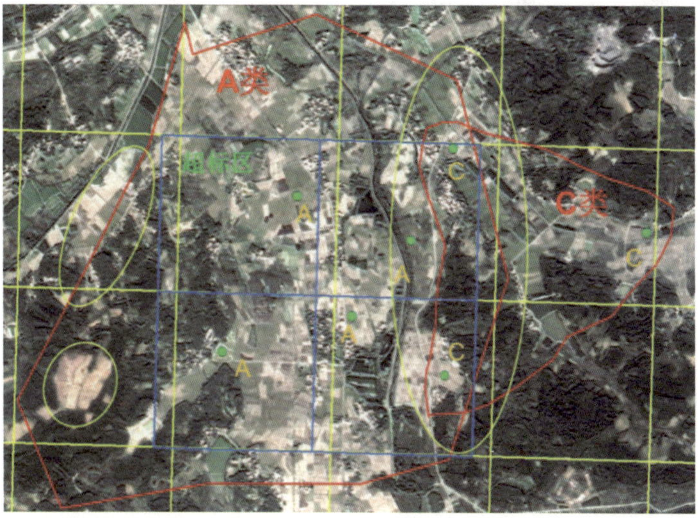

图 4-5　详查单元边界重叠示例

（6）点位没有覆盖每个详查单元

图 4-6 为其他疑似农用地污染区中布设的 3 个详查单元，按照技术要求，在每个单元中均应布设点位，但 2 号单元内没有布点，需要补充布点。

图 4-6　点位没有覆盖每个详查单元示例

（7）农用地底图不一致

图 4-7 为 4 个点位的布设结果。审核中发现，2 个点位未布设在农用地上，其中点位 2 落在建设用地，点位 4 落在池塘里。经分析，是地方和国家的农用地底图不一致所致，需要更换底图后重新审核。

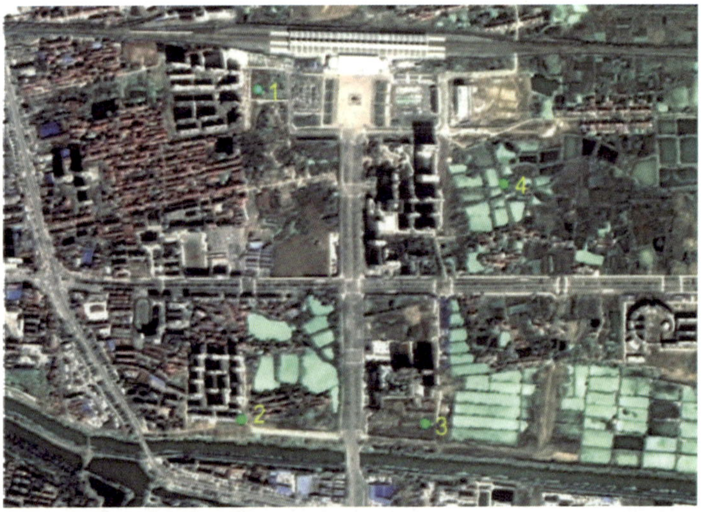

图 4-7 农用地底图不一致示例

（8）农产品点位布设不规范

图 4-8 为北方某粮食主产区，主要种植小麦。技术审查时发现，点位布设在多个叶菜类种植区域的农用地上，没有按照技术规定布设在主要粮食产区的主要农作物的种植区域内，点位缺乏代表性，需要重新布点。

图 4-8 农产品点位布设不规范示例

（9）点位布设不均匀

图 4-9 为污染企业（黑色三角）影响区的详查单元（黄线）和点位布设（黄色圆点）情况。技术审核时发现，点位只布设在详查单元的东侧和北侧，详查单元内点位分布不均匀，不能反映该单元的实际污染情况；需要补充布点。

图 4-9　点位布设不均匀示例

（10）点位布设密度过高

图 4-10 为多个网格内的布点情况。技术审查发现，每个网格内的点位数量均超过 1 个，不符合技术规定要求，需进行调整。

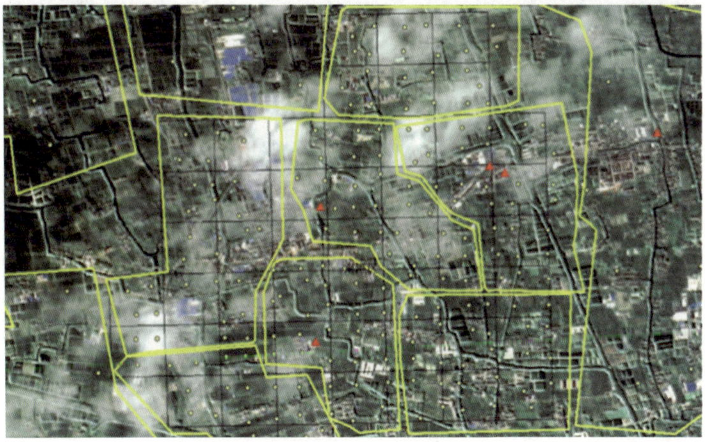

图 4-10　点位布设密度过高示例

（11）土壤表层采样点和深层采样点位不一致

图 4-11 中红色圆点为土壤表层点位，绿色圆点为土壤深层点位。技术审查时发现，

表层点位和深层点位对应关系不一致，需要进行调整。

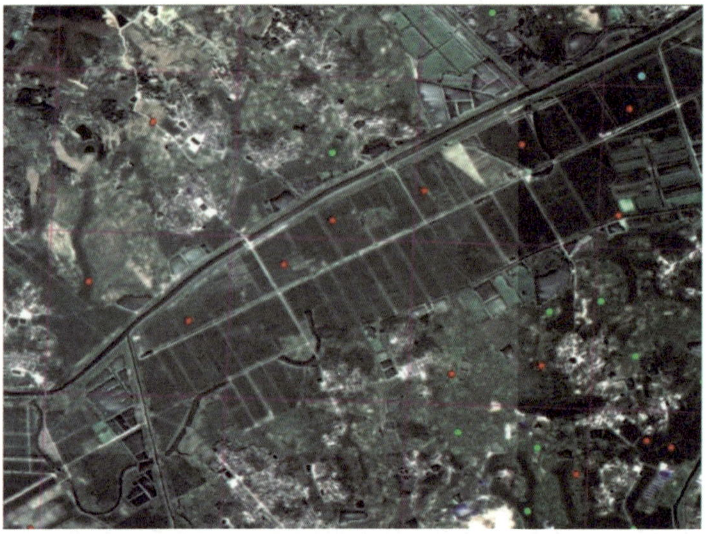

图 4-11 表层采样点和深层采样点不一致示例

（12）土地利用类型发生改变

图 4-12 为拟布设点位区域。现场核查发现，农用地已变更为建设用地，按照技术规定要求，每个详查点位都应该布设在农用地上。因此，需要按照技术规定进行点位调整。

图 4-12 土地利用类型发生改变示例

（13）农产品样品不可获取

图 4-13 为某玉米种植区域，该区域内布设的点位为土壤和农产品协同监测点位。现场核查时发现，该地区的玉米作物种植密度高，经人员访谈发现该区域玉米将作为青

饲料用于牲畜养殖，即玉米成熟前就要收割，因此采集不到成熟的玉米作物样品。因此，应对该农产品点位进行调整，保证农产品样品可获取。

图 4-13　农产品样品不可获取示例

（14）点位所在区域交通不便且安全性差

图 4-14 为某点位所在区域。现场核查时发现，该区域存在难以跨越的沟壑，交通不便且安全性差，因此，需要按照技术规定要求进行点位调整。

图 4-14　点位所在区域交通不便且安全性差示例

4.2 样品采集、流转、制备与保存

农用地详查样品包括土壤样品和农产品样品，采集到具有代表性样品是实现土壤详查工作总目标的关键，样品制备是土壤和农产品样品的重要技术环节，保证样品流转、制备和保存过程中保持原有样品特性和可溯源性是质量控制的最基本要求。在实践中，以技术规定要求为基础，采用资料审核、现场检查和视频监控等方式实施样品采集、流转、制备与保存环节全过程质量控制，对不合格样品执行退回重采重制闭环管理机制，确保工作质量。

4.2.1 质量目标

采集的样品为代表调查点位土壤和农产品实际样品，样品在流转、制备与保存过程中有效保持原样特性，为检测实验室提供具有代表性和均匀性的检测样品。

4.2.2 质量控制要点与难点

4.2.2.1 土壤样品

（1）样品采集

1）土壤采样工作正式开始前是否制订了详细采样计划，计划内容是否完整且具有可操作性，是否做好了包括组织准备、技术准备和物资准备，采样时期是否避开肥料、农药施用时期以及北方冻土季节等。

2）采样点位是否满足土壤采样的代表性要求，采样点位与目标点位位移距离是否控制在 50 m 内；表层样品或深层样品的采集深度是否满足要求；有机样品是否采集单独样；混合样品各分样点是否等量采集；样品总量超过预期重量时，缩分前是否混合均匀，分样是否规范；样品重量是否满足要求。

3）样点信息、样品信息和工作信息等填写是否规范、完整、准确，影像资料是否能体现采样点位及其周边环境状况；是否及时正确粘贴或放置每个土壤样品标签。每完成一个点位采样工作后，是否及时清理采样工具，避免交叉污染等。

（2）样品流转

流转中心是否制订了样品流转计划；样品标签、样品重量、样品数量、包装容器、保存温度、送达时限和样品防沾污措施等条件是否满足相关要求；样品运输和交接程序是否规范，交接单填写是否完整等。

（3）样品制备

样品制备场所、环境条件、视频监控设备、清洁设备和除尘设施等是否齐备、是否满足要求，是否根据规定进行维护；样品风干/干燥、研磨、筛分、混匀、缩分和分装过程是否规范；磨样设备、样品筛和辅助制样工具等是否齐全、完好，容器材质规格是否满足要求，制样工具在每个样品制备完成后是否及时清洁；样品标签、样品重量和数量、样品粒度、样品包装和保存是否规范；视频监控记录是否清晰、能够覆盖制样全过程；样品交接和制样等记录表填写内容是否完整、准确和及时等。

（4）样品保存

样品保存环境和条件是否满足要求，是否定期进行检查和环境条件监控，记录是否完整；有机样品是否按要求冷藏或冷冻保存；样品标识、包装容器、样品状态和保存期限是否满足要求等。

4.2.2.2　农产品样品

（1）样品采集

1）农产品采样工作正式开始前是否制订了详细采样计划，计划内容是否完整且具有可操作性。

2）采样前是否做好了组织准备、技术准备和物资准备及自查工作。

3）采样人员是否对农产品采样点位进行了优选确认，农产品样品采集是否与表层土壤样品同步采集，当表层土壤样品已先于农产品样品采集时，采样人员是否对表层土壤采样点位进行了确认。农产品采样时间是否避开雨天等不利气象条件。

4）采集的农产品样品是否是收获期、无病虫害正常生长的农产品，混合样品的各分样点农产品成熟度是否与整个地块农作物保持一致。

5）采样记录是否清晰、准确，影像资料是否能体现采样点位及其周边环境状况，是否及时、正确粘贴或放置每个农产品样品标签等。

（2）样品流转

是否制订了样品流转计划；样品标签、样品重量、样品数量、包装容器、保存温度等条件、送达时限和样品防沾污措施等条件是否满足要求；农产品样品是否有发芽、腐烂、霉变、生虫等情况；蔬菜样品采集后是否及时放入样品冷藏箱 4℃以下避光保存，是否在 3 d 内送达指定实验室分析测试；样品运输和交接程序是否规范，交接单填写是否完整等。

（3）样品制备

样品风干场所和环境条件、风干或烘干设备是否符合规定要求；农产品样品采用磨样机器进行加工的，是否开展了磨样机空白试验，结果是否符合规定要求；视频监控记录是否清晰、是否能够覆盖制样全过程。

（4）样品保存

样品保存场所是否保持干燥、阴凉、通风、无阳光直射、无污染；样品是否有发芽、腐烂、霉变、生虫等情况；是否定期进行检查并及时记录。

4.2.3 质量控制方式

组织专家通过文件资料实时上传审查和集中检查以及现场监督检查的方式开展样品采集、制备、流转与保存质量检查工作。

质量控制检查表见附录 1 附表 A-2～附表 A-11。

4.2.3.1 文件资料检查

主要核查样品采集、流转、制备和保存过程各类信息记录的完整性、及时性和准确性，核对影像资料是否清晰，核对书面记录与仪器操作系统记录的一致性。对于样品制备过程还可调取至少一批次的视频监控资料对操作过程的规范性进行检查（图 4-15）。

（a）土壤样品制备视频检查

（b）土壤样品制备记录检查（左一和右一为质量控制人员）

图 4-15　土壤样品制备视频和资料质量检查

4.2.3.2　现场检查

以实地查看的方式，现场监督检查样品采集、流转、制备、保存等工作过程是否符合相关规范和方法要求。样品采集和制备的一次现场检查需包含 1 个及以上样品完整的采集和制备过程，样品流转、保存 1 次现场检查需包含 1 批次及以上样品的流转、保存工作过程（图 4-16）。

（a）土壤样品采集现场检查（左一和右一为质量控制人员）

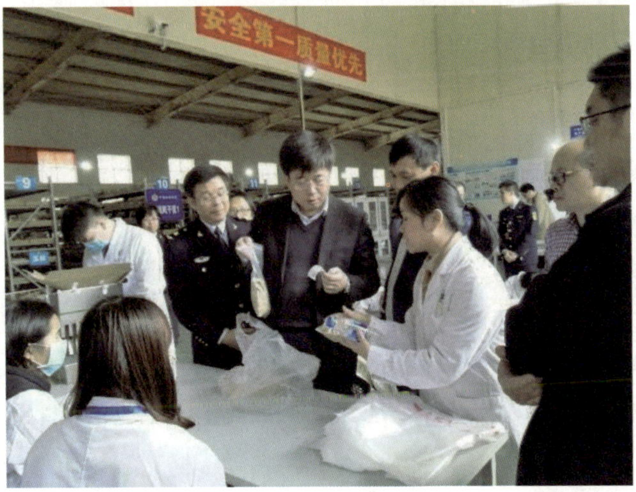

（b）土壤样品制备现场检查（未穿白大褂的均为质量控制人员）

图 4-16　土壤样品采样、制备现场质量检查

4.2.4 质量控制要求

（1）对样品采集的要求

1）采样小组自检应达到 100%；采样单位对采样文件资料检查应达到 100%，现场检查点位数量应达到总工作量的 20%，对于位置偏移超过 1 000 m 的点位，现场检查率要达到 100%。

2）省级质量控制实验室对各采样单位采样文件资料检查应达到总工作量的 10%，对发现严重质量问题采样单位的现场检查比例提高两倍。

3）国家级质量控制实验室监督检查应覆盖样品采集的全过程，对采样单位进行全面质量检查，检查方式要包含文件资料检查、现场检查等多种方式。

（2）对样品制备的要求

1）制样小组自检应达到 100%；制样单位开展制样质量检查应达到总工作量的 5%。

2）省级质量控制实验室开展制样质量检查应达到总工作量的 0.5%，对发现严重质量问题制样单位的质量检查比例提高两倍。

3）国家级质量控制实验室监督检查应覆盖样品制备的全过程，对制样单位进行全面质量检查，检查方式要包含文件资料检查、现场检查等多种方式。

4.2.5 质量控制结果与评价

4.2.5.1 任务承担单位自审和内审

（1）样品采集

1）表层土壤样品：各采样单位对采样文件资料检查达到总工作量的 100%，检查合格率为 100%，现场检查比例平均值为 16.4%，检查合格率的平均值为 99.5%。

2）深层土壤样品：采样单位对采样文件资料检查达到总工作量的 100%，检查合格率为 100%，现场检查比例平均值为 20.9%，检查合格率的平均值为 100%。

3）农产品样品：采样单位对采样文件资料检查达到总工作量的 100%，检查合格率为 100%，现场检查比例平均值为 27.1%，检查合格率的平均值为 100%。

（2）样品制备

1）表层土壤样品：制样单位资料检查比例平均值为 57.1%，检查合格率的平均值为 99.7%；现场检查比例平均值为 23.4%，检查合格率平均值为 99.6%。

2）深层土壤样品：制样单位资料检查比例平均值为 61.2%，检查合格率平均值为 99.8%；现场检查比例平均值为 21.9%，检查合格率的平均值为 99.7%。

3）农产品样品，制样单位资料检查比例平均值为 63.2%，检查合格率平均值为 99.6%；现场检查比例平均值为 25.1%，检查合格率的平均值为 99.6%。

4.2.5.2　省级外审

（1）样品采集

1）表层土壤样品：各省级质量控制实验室资料检查比例为 14.0%，检查合格率为 98.2%；现场检查比例为 1.7%，检查合格率为 98.8%。深层土壤样品：各省级质量控制实验室资料检查比例为 18.4%，检查合格率为 99.1%；现场检查比例为 2.0%，检查合格率为 99.7%。

2）农产品样品：各省级质量控制实验室资料检查比例为 19.5%，检查合格率为 98.9%；现场检查比例为 6.6%，检查合格率为 98.4%。检查数量频次达到了相关要求，过程规范可控，所有检查中发现的不合格问题，已经按照要求整改完毕。

（2）样品制备

1）表层土壤样品：各省级质量控制实验室资料检查比例为 6.7%，检查合格率为 99.0%；现场检查比例为 1.5%，检查合格率为 98.3%。深层土壤样品：各省级质量控制实验室资料检查比例为 8.9%，检查合格率为 100%；现场检查比例为 5.3%，检查合格率为 99.9%。

2）农产品样品：各省级质量控制实验室资料检查比例为 12.8%，检查合格率为 99.2%；现场检查比例为 5.0%，检查合格率为 99.2%。制样视频监控记录和制样原始记录内容完整，制样过程可追溯，检查数量频次达到相关要求，所有检查中发现的不合格问题，已经按照要求整改完毕。

（3）样品流转与保存

各省（区、市）严格按照详查要求开展样品流转工作，样品保存依样品类型、保存环境和保存时间进行检查，发现的所有不合格问题已由各承担单位按照要求整改完毕，有效保障了样品保存质量。

4.2.5.3　国家级审核

农用地详查期间，国家级质量控制实验室实施了多轮质量监督检查和飞行检查，对样品采集、流转、制备与保存中发现的质量问题均在第一时间向任务单位反馈、并在检查结束后将检查意见以书面方式反馈各省级详查办和省级质量控制实验室，由省级质量控制实验室负责督促整改落实直至完成整改闭环。

4.2.6 实践中常见问题

（1）采样点位变更不合理

采样资料检查发现，因规定点位交通原因不方便到达，采样人员自行修改了采样地点并采样，经审查，变更后的点位不符合点位布设技术要求，点位偏离距离超过采样技术要求，需重新采样。

（2）采样时未核实污染源信息

采样小组在采集重点行业企业影响区样品时，未能做到先核实企业信息，导致采样点位偏移过大，样点代表性大幅下降。

（3）采样点位不满足技术规范要求

采样资料检查时发现，任务承担单位将林地当成农用地进行了采样。

（4）协同采样点位偏移距离过大

采集农产品协同样品时，未在土壤点位 50 m 范围内采集农产品样品，而是向远离工业园区方向偏移了近 2 500 m，偏移距离过大，样点代表性大幅下降。

（5）农产品样品不符合要求

样品交接中发现，采集的农产品样品尚未成熟，不符合采样技术要求，需重新采样。

（6）样品制备与保存场所环境条件不符合要求

详查工作开展前，针对南方某省样品集中制备场所进行确认时发现，土壤样品风干间、农产品流转间和暂存间未安装空调、未配备除湿机和温度、湿度监控设备，存在潜在风险，需按要求配备。

（7）农产品制样设备未开展比对验证

某制样单位采购的不锈钢刀头高速粉碎机准备作为水稻样品细磨工具，但未进行空白比对试验，有影响重金属指标检测结果的风险，须按要求进行比对试验，并在试验确认无风险后方可投入使用。

（8）样品制备工具清洁不规范

某土壤样品制备单位因人员有限，每个样品制备完成后的制样工具清洁不够规范彻底，存在交叉污染风险。整改后，制样单位安排了专人进行所有制样工具的清洗、晾晒，保证“一样一工具”，并在样品制作场所悬挂了宣传教育横幅“像主刀医生对待病人一样对待样品”。

（9）样品流转场所不符合要求

现场检查时发现某样品流转中心区域过小，存在农产品和土壤样品混放现象，存在交叉污染风险。整改后，该单位增加了一间流转用房，专门用于农产品样品的流转和暂存。

（10）样品制备操作不规范

现场调取制样视频监控记录时发现，某制样单位在土壤样品粗磨环节出现随意丢弃样品的现象，影响样品的代表性，需要重新制样。

（11）农产品流转时间不满足要求

现场检查某农产品保存场所时发现，小麦样品流转不及时，存在样品被挤压现象，部分样品已接近小麦鲜样流转时限要求。整改后，按照相关技术规定及时将小麦样品晾干来延长保存时间，保证样品流转时间满足相关要求。

4.3　样品分析测试

在土壤和农产品样品分析测试工作中，通过实验室选择过程中的统一筛查措施把控资质和基础能力，通过统一分析测试方法降低测试技术可能引起的质量风险，通过同步实施的实验室内部和外部质量控制强化各环节的过程控制，以确保全国农用地土壤和农产品样品分析测试数据质量。

4.3.1　质量目标

确保实验室分析测试过程规范，样品分析测试数据真实、准确、可靠。

4.3.2　质量控制要点与难点

4.3.2.1　检测实验室资质与能力

1）实验室是否配备稳定、具有相应能力的人员，是否按要求建立质量管理体系，是否建立完备的农用地详查质量控制工作方案。

2）实验室场地硬件、功能分区是否满足工作要求，是否设置专用空间以应对大批量样品存放；是否配备符合方法要求、专用的仪器设备，重金属可提取态测试环境中是否具备控温条件。

3）同时承担农产品样品与土壤样品分析测试任务时，是否配有多台重金属分析仪器可以分别使用或同台仪器可分时段使用。

4.3.2.2　分析方法选择与验证

1）各检测指标所选用的方法是否是《全国土壤污染状况详查土壤样品分析测试方法技术规定》和《全国土壤污染状况详查农产品样品分析测试方法技术规定》中推荐的

分析方法，是否存在方法偏离现象。

2）在正式开始样品分析测试任务之前或实验室条件变更之后是否均按要求开展了方法验证，是否完成对所选用分析方法的检出限、测定下限、精密度、准确度和线性范围等特性指标的确认，确认要求见表 3-1。

4.3.2.3 样品分析测试过程

农用地详查样品分析测试涉及土壤无机检测指标（含土壤理化性质）和有机检测指标以及农产品重金属检测指标。各项检测指标的前处理和测试技术不同，其质量控制要点、难点各有侧重。

4.3.2.3.1 土壤样品测试

（1）无机检测指标

1）实验室保存

实验室内应严格避免交叉污染风险，重点关注样品是否分类存放，特别是高污染样品与清洁样品、农产品与土壤样品是否分类存放等。

2）样品前处理

土壤重金属总量检测取样量是否达到 0.1 g，土壤重金属总量检测样品消解过程中试剂纯度及实验器具材质是否符合分析测试方法要求、消解是否完全、消解最终状态是否呈白色或淡黄色且没有明显沉淀物存在。土壤重金属可提取态样品土液比是否是 1∶10（*m*/*V*），振荡提取温度是否控制在（20±2）℃，振荡悬浮液是否经离心后用 0.45 μm 滤膜过滤。用于土壤 pH、机械组成和阳离子交换量检测样品是否为过 2 mm 筛孔的粗磨样品，pH 水浸是否使用了去除 CO_2 的蒸馏水、土液比是否为 1∶2.5（*m*/*V*）。

3）仪器分析

校准曲线、仪器稳定性检查和含量分析是仪器分析时的关键。应根据不同检测指标的特点和分析方法要求，判断所用仪器设备是否满足分析方法的技术要求，仪器设备是否经过计量检定并在有效期内使用。

①校准曲线。采用校准曲线法进行定量分析时，曲线梯度是否大于 5 个（除空白外），曲线范围是否覆盖被测样品的浓度范围，其最低点浓度是否接近方法测定下限水平，校准曲线相关系数是否大于 0.999。

②仪器稳定性。连续进样分析时，确认分析仪器校准曲线是否发生显著变化，每分析测试 20 个样品，是否测定一次校准曲线中间浓度点。

③含量分析。采用 ICP-MS 测定土壤样品中重金属元素时，在每次分析试样中内标

的响应值应为校准曲线响应值的 70%～130%，否则说明仪器响应发生漂移或有干扰产生，应查找原因重新分析。如果存在基体干扰，需要进行稀释后测定。如果样品中含有内标元素，需要更换内标或提高内标元素浓度。此外，每分析 1 个样品后，最好应用 2% 的稀硝酸清洗进样管路，再继续采集第 2 个样品，以消除前 1 样品的记忆效应；在进行土壤总砷和总汞样品分析时，标准工作溶液、还原剂、载液、硫脲溶液和抗坏血酸是否做到现用现配；样品的汞含量是否在校准曲线中点和最高点的 90%之间；如样品含量超出仪器承受范围，是否进行管路清洗且清洗干净。离子选择电极法测氟化物时，测定高浓度样品后是否充分清洗电极，零点溶液测量值是否满足要求等。土壤理化性质分析时，pH 电极是否插入上部清液中，避免与泥浆接触；有机质测试时有机碳是否氧化完全，当样品测定所用硫酸亚铁溶液体积小于空白标定用量 1/3 时是否减少称样量重做；阳离子交换量检测时是否根据土壤 pH 正确选用分析方法，搅拌土壤样品是否充分，样品淋洗是否完全。

（2）有机检测指标

1）实验室保存

有机检测样品的保存时间和环境是否满足分析测试方法规定，如检测多环芳烃的新鲜土壤样品在 4℃以下冷藏保存时间为 10 d，−18℃避光保存时间为 6 个月；石油烃类样品 4℃下密封避光保存时间为 10 d，−18℃下保存期为 1 个月；酚类保存期为 10 d，样品提取液避光冷藏保存，保存期为 40 d。

2）样品前处理

有机样品前处理主要包括提取、净化和浓缩等步骤。提取方式主要有索氏提取和加压流体提取等，常用的提取溶剂为丙酮-正己烷混合溶剂（1∶1）、丙酮-二氯甲烷混合溶剂（1∶1）和二氯甲烷-正己烷混合溶剂（1∶1）等，尤其注意新鲜样品提取时溶剂中需要有丙酮。净化措施包括不同类型的复合硅胶柱、硅胶固相萃取小柱、硅酸镁净化小柱、凝胶渗透色谱以及酸洗等，其中以硅胶柱或硅酸镁为主的净化措施，原理是借助目标物和基质之间极性差异，通过调整不同配比溶剂极性，进行洗脱。浓缩方法主要有氮吹、旋转蒸发、真空浓缩等，其中氮吹是将氮气快速、连续、可控地吹向加热样品的表面，可实现样品无氧浓缩；真空浓缩则综合离心、加热和真空作用来进行溶剂蒸发。针对以上三个步骤，不同分析项目的质量控制要点如下：

①针对多环芳烃，提取方法可以选择索氏提取和加压流体提取，需要注意是否在提取前添加内标，提取溶剂是否选择丙酮-正己烷（V/V，1/1）。采用加压流体萃取方式提取样品时，需要注意是否按照预估样品浓度，高浓度样品放在最后进行提取；每批完成后是否清洗系统，避免交叉污染。如果提取液存在明显水分，需要注意提取液是否转溶

至正己烷后再进行脱水。采用硅酸镁净化小柱净化时，是否在样品浓缩液转移至小柱前，放置接收瓶（管），避免低环数多环芳烃的损失；是否洗涤浓缩器皿，洗液全部转入小柱中。样品氮吹过程中是否控制流速，溶剂表面有气流波动为宜；旋转蒸发浓缩时，是否调整合适的温度和真空度，避免爆沸引起目标物损失。

②针对石油烃测试项目，需要注意土壤样品是否经过硅酸镁（弗洛里土）小柱净化步骤，以确保测试的组分为技术规定中定义的石油烃组分。是否使用硬脂酸十八烷基脂考察每批净化柱的净化效率，硬脂酸十八烷基酯回收率是否不超过 5%，出现不合格时是否重新进行活化或更换批次。

③针对二噁英测试项目，样品的前处理装置是否用碱性洗涤剂和水充分洗净，使用前是否依次用甲醇或丙酮、正己烷、或甲苯或二氯甲烷等溶剂冲洗，并定期进行空白试验；所有接口处应严禁使用油脂；应确认淋洗后的二噁英样品溶液是否有明显着色；改变净化柱的填充材料的类型或用量以及改变淋洗溶剂的种类或用量时，是否通过制作淋洗曲线等方法优化实验条件，避免样品中的二噁英类在净化过程中的损失。

3）仪器分析

校准曲线与仪器稳定性检查同无机样品测试。

定量定性分析。含酚类化合物浓度较高的样品会对仪器产生记忆效应，随后应分析一个或多个空白样品，直至空白试验结果满足质量控制要求后才能分析下一个样品；对于多环芳烃的分析，是否采用了 SIM 方式进行测定，以降低方法检出限；对于石油烃的分析，是否扣除柱流失的峰面积，且在定量时，求的是 $C_{10}H_{22}$～$C_{40}H_{82}$ 总量，定量积分应该是从 $C_{10}H_{22}$ 开始到 $C_{40}H_{82}$ 结束，而不应该对出现的每个色谱峰分别积分再求和。

4.3.2.3.2 农产品样品测试

（1）实验室保存

农产品样品应在阴凉、干燥、通风、无污染的环境下保存，是否与土壤样品分开存放；保存期限一般为 3 个月；干样保存样品的抽真空状态是否保持，是否有漏气情况发生等。

（2）样品前处理

农产品样品中重金属含量一般均比较低，在进行样品消解时需要特别注意保持实验室环境清洁，最好在洁净间中消解样品，以减少环境空气中灰尘、气溶胶等对样品消解的影响。同时要注意尽量选用高纯度的酸，用于农产品样品消解的硝酸、高氯酸等应按批次进行空白试验，只有确认试剂空白符合质量控制要求方可投入使用，否则应提纯（如采用亚沸蒸馏器进行重蒸馏）或重新购置。

农产品样品前处理方法包括微波消解法、常规湿法消解法和干灰化法。

微波消解法可使用硝酸或硝酸-过氧化氢消解体系，重点需考虑安全问题。采用程序升温控制模式，逐步增大功率和升高温度，避免因快速升温、反应剧烈而引起爆炸事故。微波消解时，所有消解罐应拧紧和密封，消解完成后，须等消解罐冷却至室温才能开盖，并需进行赶酸处理。

常压湿法消解法一般选用硝酸-高氯酸或硝酸-过氧化氢消解体系，单独使用硝酸不能完全消解。因样品在消解过程中与大量酸及容器长时间接触，消解酸、容器和环境空气往往会带来污染，因此须严格控制消解空白，最好选用聚四氟乙烯坩埚，若使用玻璃容器，需注意玻璃容器可能带来的重金属污染。

干法灰化法是在高温条件下破坏分解有机物，将残留矿物质成分溶解在稀硝酸中，使被测元素呈可溶态。由于在高温状态，极易产生元素损失，且会形成酸不溶性混合物，产生滞留损失。如何减少损失，从而提高方法的正确度是干灰化法需要关注的问题。样品在用高温炉灰化以前，应先在电热板上低温碳化至无烟（预灰化），然后移入冷的高温炉中，缓慢升温至预定温度，否则样品会因燃烧过热而导致金属元素挥发。

（3）仪器分析

校准曲线与仪器稳定性检查同无机样品测试。

定量定性分析。用电感耦合等离子体质谱法（ICP-MS）测定农产品中的重金属含量时，仪器条件和干扰系数是否正确。当样品中各元素含量大于 1 mg/kg 时，在重复性条件下获得的两次独立测定结果的绝对差值是否超过算术平均值的 10%；小于或等于 1 mg/kg 且大于 0.1 mg/kg 时，在重复性条件下获得的两次独立测定结果的绝对差值是否超过算术平均值的 15%；小于或等于 0.1 mg/kg 时，在重复条件下获得的两次独立测定结果的绝对差值是否超过算术平均值的 20%。

4.3.2.4　上报数据审核

（1）上报数据审核要点

对于检测实验室，数据审核要点：人员是否具有相应的能力并持证上岗；分析方法使用是否正确；仪器设备是否按要求进行了量值溯源；是否按照合理的比例实施了必要的内部质量控制措施，且结果是否合格；原始记录是否及时、正确、规范；结果计算和计量单位是否正确；相关检测指标间逻辑关系是否合理；检测结果与上报数据是否一致。

对于省级质量控制实验室和国家级质量控制实验室，数据审核要点：检测机构是否是统一筛选的实验室；密码平行样和统一监控样的外部质量控制结果是否合格；报警数据的处置是否符合要求；相关数据间逻辑关系是否合理。

（2）上报数据审核难点

实验室检测结果与上报数据一致性审核过程中易发生遗漏，为保证审核的全面性，一致性审核要包括对实验室记录、样品上机记录、数据上报系统上的数据进行逐一审核。省级和国家级质量控制实验室对数据检测结果的合理性判断时，重点对如 pH 的范围、有机质的含量范围、重金属的含量范围进行经验性判断，pH 不能有超过 14 的数值，pH 小于 3 或大于 11 以上的应当重点审核；有机质的含量范围超过 500 g/kg 时要核实土壤类型，对于有机质含量较高的数据要复核实验记录是否有减少称样量等措施；对重金属含量过高，与其他数据有数量级差别时，进一步核实是否有单位换算错误或是数据录入串行等错误，如果没有此类错误进一步核实实验室是否开展了异常样品的复测工作和复测结果是否合格；同一土壤样品同时存在总量和可提取态含量时，要注意可提取态含量应当小于总量；有机测试数据要注意未检出表示方法是否正确，是否在上报数据时出现了低于检出限的数据等。

4.3.3 质量控制方式

对样品分析测试过程的质量控制方式分为内部质量控制和外部质量控制。其中内部质量控制包括实验人员自控和单位内部质量控制。外部质量控制包括省级质量控制和国家级质量控制。

内部质量控制方式：空白样品测定、校准溶液核查、平行双样分析、标准物质样品或加标回收样品测定、对异常样品复检等，通过以上方式控制样品分析测试过程中实验室干扰水平、精密度和正确度，确保数据的准确性和可靠性。

外部质量控制方式：密码平行样测定、统一监控样测定和留样复测等，保障样品分析测试过程可靠，各实验室间检测结果可比。

对分析测试结果及上报数据的质量控制方式为检测实验室、省级质量控制实验室和国家级质量控制实验室开展三级数据审核。

质量控制检查表见附录 1 附表 A-12～附表 A-15。

4.3.4 质量控制要求

为保证数据的代表性和准确性，保证分析测试工作过程规范可靠，农用地详查对实验室内部和外部质量控制以及异常样品复测提出了具体要求。

（1）实验室内部质量控制

1）空白、精密度（平行双样）、正确度（有证标准物质和加标回收率）试验均应达到不少于 5%的比例。对于每个分析批次每个检测指标，空白样品检测结果一般应低于方法检出限，精密度试验结果合格率应达到 95%，正确度试验结果合格率应达到 100%。

2）异常样品复检，应按精密度的有关要求计算复检合格率，要求应达到 95%。当复检合格率小于 95%时，参照精密度控制的要求执行。

（2）实验室外部质量控制

1）实验室内密码平行样品累积检测质量合格率应达到 90%，实验室间密码平行样品累积检测质量合格率应达到 85%。

2）统一监控样品分析测试质量合格率按土壤和农产品样品分别进行统计，要求每种类型样品中单个检测指标的累计合格率达到 90%。

4.3.5　质量控制结果与评价

4.3.5.1　内部质量控制结果与评价

（1）空白样品结果统计分析

空白样品分析是为了确认由于样品溶液制备或分析仪器操作等引起的污染，保证样品检测环境、样品溶液制备或分析仪器测定等过程对样品分析没有显著干扰。

土壤样品实验室空白样品插入比例统计结果见表 4-1。

表 4-1　土壤样品实验室空白样品插入比例

序号	检测指标	空白样品比例/%
1	总铜	5.14
2	总锌	5.10
3	总铅	5.10
4	总镉	5.12
5	总镍	5.09
6	总铬	5.09
7	总砷	4.96
8	总汞	5.04
9	可提取态汞	4.73
10	可提取态砷	4.75
11	可提取态铅	4.79
12	可提取态铜	4.80
13	可提取态铬	4.79
14	可提取态锌	4.81

序号	检测指标	空白样品比例/%
15	可提取态镉	4.74
16	可提取态镍	4.81
17	苯并[*a*]芘	8.60

土壤中 8 项重金属总量测定加入实验室空白样品比例平均在 5%（每 20 个样品加入 1 个空白样），最高达到 5.14%；土壤中 8 项重金属可提取态测定空白样品插入比例为 4.73%～4.81%；土壤中苯并[*a*]芘测定加入空白样品比例最高，为 8.60%。

农产品样品实验室空白样品插入比例统计结果见表 4-2。农产品中重金属总量测定插入空白样品比例为 7.32%～7.45%。

表 4-2 农产品样品实验室空白样品实施比例

序号	检测指标	空白样品比例/%	序号	检测指标	空白样品比例/%
1	总铅	7.45	5	总铜	7.32
2	总镉	7.37	6	总锌	7.32
3	总砷	7.44	7	总铬	7.35
4	总汞	7.35	8	总镍	7.38

（2）精密度结果统计分析

土壤样品平行双样插入比例和合格率统计结果见表 4-3。重金属总量、重金属可提取态、苯并[*a*]芘、有机质、阳离子交换量和 pH 测定平行双样插入比例为 7.46%～8.86%，平行双样合格率在 97.01%以上。

表 4-3 土壤样品平行双样实施比例和合格率

序号	检测指标	平行双样比例/%	平行双样合格率/%
1	pH	7.83	99.95
2	总铜	8.23	97.01
3	总锌	8.05	99.91
4	总铅	8.07	99.96
5	总镉	8.08	99.85
6	总镍	8.05	99.91
7	总铬	8.05	99.88
8	总砷	8.05	99.93

序号	检测指标	平行双样比例/%	平行双样合格率/%
9	总汞	8.09	99.82
10	可提取态汞	7.95	99.96
11	可提取态砷	8.21	99.96
12	可提取态铅	8.00	99.98
13	可提取态铜	8.02	99.97
14	可提取态铬	8.00	99.96
15	可提取态锌	8.05	99.96
16	可提取态镉	8.13	99.97
17	可提取态镍	8.04	99.97
18	苯并[*a*]芘	8.86	99.89
19	有机质	7.46	100
20	阳离子交换量	8.04	100

农产品样品平行双样插入比例和合格率统计结果见表 4-4。重金属总量测定平行双样插入比例为 11.72%～11.90%，平行双样合格率在 99.86%以上。

表 4-4　农产品样品平行双样实施比例和合格率

序号	检测指标	平行双样比例/%	平行双样合格率/%
1	总铅	11.88	99.93
2	总镉	11.82	99.96
3	总砷	11.82	99.99
4	总汞	11.72	99.99
5	总铜	11.82	99.86
6	总锌	11.82	99.95
7	总铬	11.90	99.98
8	总镍	11.85	99.99

（3）正确度结果统计分析

土壤样品检测中标准物质样品和加标回收样品插入比例和合格率统计结果见表 4-5。

表 4-5　土壤标准物质和加标回收样品插入比例和合格率

序号	检测指标	标准物质比例/%	标准物质合格率/%	加标回收实验比例/%
1	pH	5.54	100	—
2	阳离子交换量	5.91	100	—
3	有机质	6.02	100	—
4	苯并[*a*]芘	4.90	100	5.96
5	总铜	6.73	100	0.21
6	总锌	6.73	100	0.20
7	总铅	6.75	100	0.22
8	总镉	6.76	100	0.24
9	总镍	6.70	100	0.21
10	总铬	6.73	100	0.21
11	总砷	6.71	100	0.10
12	总汞	6.76	100	0.10
13	可提取态汞	5.94	100	—
14	可提取态砷	6.36	100	—
15	可提取态铅	6.21	100	—
16	可提取态铜	6.31	100	—
17	可提取态铬	6.16	100	—
18	可提取态锌	6.26	100	—
19	可提取态镉	6.09	100	—
20	可提取态镍	6.32	100	—

土壤中重金属总量、有机质、阳离子交换量和 pH 正确度控制以标准物质为主，插入标准物质样品比例为 5.54%～6.76%，部分检测实验室在测定重金属总量时还进行了加标回收实验，标准物质和加标回收质量控制合格率均为 100%。

土壤中苯并[*a*]芘标准物质插入比例为 4.90%，加标回收比例为 5.96%，标准物质和加标回收质量控制合格率均为 100%。

农产品样品检测中标准物质加入比例和合格率统计结果见表 4-6。

表 4-6　农产品样品测试标准物质加入比例和合格率

序号	检测指标	标准物质比例/%	标准物质合格率/%
1	总铅	8.31	100
2	总镉	8.49	100
3	总砷	8.46	100
4	总汞	8.51	100
5	总铜	7.98	100
6	总锌	7.99	100
7	总铬	8.27	100
8	总镍	8.02	100

农产品样品检测中加入标准物质样品的比例为 7.98%～8.51%，标准物质测定结果合格率均为 100%。

（4）异常样品复检结果统计分析

土壤异常样品复检比例和合格率统计结果见表 4-7。土壤重金属总量异常样品复检率为 4.14%～5.70%，重金属可提取态异常样品复检率为 3.38%～5.33%，苯并[*a*]芘异常样品复检率为 3.48%。异常样品复检合格率均满足详查要求。

表 4-7　土壤异常样品复检比例和合格率

序号	检测指标	异常样品复检比例/%	异常样品复检合格率/%
1	总铜	4.14	94.54
2	总锌	4.18	96.49
3	总铅	4.38	96.64
4	总镉	5.70	93.65
5	总镍	4.17	90.21
6	总铬	4.20	93.14
7	总砷	4.57	96.53
8	总汞	5.00	99.78
9	可提取态汞	3.38	83.95
10	可提取态砷	3.80	85.68
11	可提取态铅	3.85	85.19
12	可提取态铜	3.47	88.79
13	可提取态铬	3.65	83.98

序号	检测指标	异常样品复检比例/%	异常样品复检合格率/%
14	可提取态锌	4.62	92.54
15	可提取态镉	5.33	93.06
16	可提取态镍	4.18	92.59
17	苯并[*a*]芘	3.48	96.77

（5）内部质量控制结果综合评价

在土壤和农产品样品检测分析环节，通过压实详查质量控制要求，实现了实验室内部质量控制全覆盖。统计结果表明，空白样品、平行双样和标准物质/加标回收样品测定比例及其结果均符合质量控制要求，异常样品复检合格率均达到详查要求，表明样品分析过程质量控制措施执行到位，数据质量得到保证。

4.3.5.2 外部质量控制结果与评价

（1）统一监控样结果统计

对在农用地详查送检样包中插入的统一监控样的全国初次上报数据合格率进行了统计：土壤 8 项重金属总量为 99.19%，8 项重金属可提取态为 99.27%，多环芳烃为 99.84%，水溶性氟化物为 95.76%，土壤石油烃为 96.33%，pH 为 99.13%，有机质为 99.01%，机械组成为 100.00%，阳离子交换量为 99.64%；农产品为 99.07%。

当统一监控样检测结果出现不合格时，其样包视具体情况分别采取重测、重制或重采等措施，并重新插入新的统一监控样进行检测，直至最终统一监控样合格率到达 100%。

（2）密码平行样结果统计

1）室内密码平行样。对在农用地详查送检样包中插入的室内密码平行样的全国初次上报数据的合格率进行了统计：土壤 8 项重金属总量为 99.12%，水溶性氟化物为 95.76%，16 种多环芳烃为 99.99%，土壤石油烃为 99.68%，表层土壤理化指标均为 100.00%，土壤 8 项重金属可提取态为 99.45%；农产品 8 项重金属总量为 99.48%。

根据数据初次上报结果，室内密码平行样不满足要求时，其样包视情况采取重测、重制乃至重采等措施，确保最终入库数据的室内密码平行样合格率为 100%。

2）室间密码平行样。对在农用地详查送检样包中插入的室间密码平行样的全国初次上报数据的合格率进行了统计：土壤 8 项重金属总量为 99.12%，水溶性氟化物为 95.76%，土壤 16 种多环芳烃为 99.97%，土壤石油烃为 96.15%，土壤 pH 为 99.35%，其他理化指标均为 100.00%，土壤 8 项重金属可提取态为 99.45%，农产品 8 项重金属总量为 99.35%。

根据数据初次上报结果，室间密码平行样不满足要求时，其样包视情况采取重测、重制乃至重采等措施，直至最终入库数据的室间密码平行样合格率为 100%。

（3）外部质量控制结果综合评价

据最终统计，各省（区、市）均按照《全国土壤污染状况详查土壤样品分析测试方法技术规定》《全国土壤污染状况详查农产品样品分析测试方法技术规定》《农用地土壤污染状况详查质量保证和质量控制技术规定》等技术规定开展了外部质量控制工作。按照检测指标加和统计，全国统一监控样、室内密码平行样、室间密码平行样初次合格率分别达到 99.45%，99.40%、98.29%，已高于最初确定的质量目标要求。但在实际工作中，基于更高的质量目标要求，对于初次不合格的，其样包均进行退包处理，视情况采取重测、重制乃至重采等措施，并重新插入统一监控样进行检测，最终入库数据的统一监控样和密码平行样的合格率均为 100%。

总之，通过实施一系列严格的外部质量控制措施，土壤和农产品样品分析过程的外部质量控制措施执行到位，并对内部质量控制措施可能产生的数据质量风险进行了外部监督和排查，切实保障了数据质量。

4.3.6　实践中常见问题案例

（1）分析方法验证不规范

实验室对检出限、正确度等方法特性指标验证方案和过程不符合质量控制要求，如检出限验证加标浓度偏高；加标回收验证的低点加标浓度不够低、高点加标浓度不够高等。

（2）未选择详查规定的分析方法

检查某实验室方法验证材料时发现，该实验室拟使用《土壤和沉积物　12 种金属元素的测定　王水提取-电感耦合等离子体质谱法》（HJ 803—2016）测定土壤中的铅，但 HJ 803—2016 未列入《全国土壤污染状况详查土壤样品分析测试方法技术规定》，不符合要求。

（3）详查样品检测的分析方法与实验室已验证的分析方法不一致

检查某实验室土壤中六六六样品检测数据时发现，该实验室虽然选用了农用地详查规定的气相色谱-质谱（GC-MS）分析方法，但质量控制人员在查阅该实验室方法验证记录时，实验室只提供了气相色谱-电子捕获（GC-ECD）测定六六六的方法验证记录，不能提供 GC-MS 的方法验证记录。

（4）实验室未确定专用仪器

对某检测实验室进行现场检查时发现，该实验室拟用于测定石油烃的气相色谱仪正在测定其他任务来源样品，不符合详查工作中仪器设备专用的要求，可能存在影响详查样品检测结果的风险。经整改，该实验室调整了仪器使用计划，明确了详查专用的仪器设备，加强了实验室管理。

（5）校准曲线未按要求进行核查

资料检查时发现，某实验室在测定土壤中的铜时，校准曲线未执行详查技术要求中“每检测 20 个样品测定一次校准曲线中间浓度点”，针对此问题，实验室开展自查，对涉及的样包进行复测，保证符合详查技术要求。

（6）试验条件不符合分析方法规定要求

对某实验室方法验证时发现，在检测水溶性氟化物时将浸提条件设定为温度 15～25℃，不符合方法规定 20～30℃的温度控制要求。经整改后，实验室加大了对水溶性氟化物检测人员的培训，浸取条件控制温度在 23～27℃。

（7）有机样品存放超期

在现场检查时发现，某实验室土壤多环芳烃共 12 个样品的接样时间为 5 月 9—13 日，保存条件为 4℃以下避光密封冷藏，分析日期为 5 月 17—22 日，其中 9 个样品超过了该保存条件下 10 d 的保存期限。

根据多环芳烃分析方法中对样品保存时间的要求，应为密封避光、4℃以下冷藏，保存时间为 10 d。若在−18℃冷冻时，可保存 6 个月。实验室针对这一问题进行全面自查，对发现的过期样品，全部进行重新采样，并按照相关要求保存、流转和测试，最终入库数据符合详查相关要求。

（8）仪器使用记录有缺失

某实验室分析仪器的使用记录未填写检测样品信息，无法对其上报数据进行溯源。

（9）上报数据与记录不一致问题

某实验室在数据审核过程中发现水溶性氟化物的纸质记录数据与上报数据不一致。经核实，该样包原始记录上的计算结果被更改过，报送的是修改前的记录。该实验室立即对全部样品的仪器上的机记录、原始检测记录、纸质记录、上报数据进行自查，对涉及错误的样品进行核查。

4.4 成果集成

成果集成是农用地详查的成果总结，是调查数据分析和调查结果展示的过程。质量控制与数据、报告、图集和样品库等各成果集成环节同步开展，运用人工审核和信息化甄别等质量控制措施核查技术细节、高效落实质量控制要点，保证海量数据信息入库完整、正确，各项成果和结论正确、表达规范，各项数据信息之间、各项成果之间以及成果与数据信息之间关联性一致，样品长期保存安全、可靠。

4.4.1 质量目标

入库数据信息完整、正确、规范、相互关联正确；报告中图件、表格以及图集与所引数据信息之间具有一致性和可溯源性，报告完整、严谨、逻辑正确，图集内容准确、直观；入库样品和样品信息完整，可长期稳定保存。

4.4.2 质量控制要点与难点

4.4.2.1 入库数据信息

数据信息包括点位信息、采样信息、制样信息和样品分析测试信息等，其中，点位信息包括点位所在地址、经纬度、周边环境信息、地形地貌、土壤类型和土地利用类型等；采样信息包括采样器具、采样工具、采样深度、样品类型、样品数量、样品重量、采样单位和人员等；制样信息包括样品粒径、样品重量、制样单位和人员等；样品分析测试信息包括检测指标及其浓度或含量、计量单位、分析方法、检出限、测试单位和人员等。

数据信息入库的质量控制要点：数据信息入库总量正确；各项数据信息达到人工审核要求或能通过信息化平台的自动判定，符合入库要求；各项数据信息之间对应关系唯一、正确。

4.4.2.2 报告和图集

各省（区、市）报告等成果材料齐全、内容完整、图表格式一致、逻辑合理、结论可靠，符合编制大纲要求，所引数据信息与入库数据信息一致。

总报告和图集符合详查总体方案和编制大纲要求，报告语言风格统一，图表格式一致，定性和定量分析结论正确，评价过程逻辑合理，结论严谨；各类结论符合数据特征且相互之间逻辑关系吻合。

4.4.2.3 入库样品

土壤样品库环境条件符合建设要求，设施配备完整，环境温度、湿度、空间密度和采光要求等指标满足样品长期保存需要，信息管理规范、安全。样品运输安全、可靠，包装箱紧实、保护措施合理，样品交接手续完整。样品瓶完整、无破损，样品标识完好、清晰，样品入库数量、分区和结果正确（图 4-17）。

（a）土壤样品入库样品接收现场检查（左一和左二为质量控制人员）

（b）土壤样品入库分区、编号正确性检查

图 4-17 长期保存样品流转入库质量检查

4.4.3 质量控制方式

数据信息入库工作分散于不同的工作环节，数据审核是通过任务承担单位、省级和国家级分别采取人工审核、上机审查、信息系统自动判定、质量抽查和质量监督等方式对数据信息审核后入库，未满足要求的数据信息被人工退回或信息系统强制退回、经过查找原因和合理处置后审核入库。对于点位信息、采样信息和制样信息主要通过采样手持终端 App 和影像信息审核等方式进行核实。对于样品测试数据通过批次质量控制数据和异常值判定等方式进行审核。各类数据信息关系通过信息化校验和质量抽查等方式进行核定。

报告和图集等内容的质量控制审核主要通过省级和国家级的形式审查、上机审查、人工审查和会议审查等方式进行，满足基本框架内容要求且达到较高数据成果凝练水平。省级成果由省级集成、完成省级审核和专家论证后，再由国家进行形式和内容审核。总报告等成果集成后，由国家完成内部审核和专家审核（图 4-18）。

国家土壤样品库由全国详查办组织有资质机构按照技术规范设计并组织专家验收，配备必要的设备和设施，完成信息化系统建设并进行验收，保证设施和环境适合土壤样品长期永续保存。样品由各省（区、市）制备、分装、粘贴标识和运输，各环节以逐一审核和质量抽查等方式进行质量控制。国家建立管理制度并实施安全检查，按照规定程序实施样品接收、入库和信息录入，并针对各环节进行审核和抽查。

图 4-18 成果集成报告质量审核

4.4.4 质量控制要求

任务承担单位自审、省级外审和国家级抽审的数据、报告、图集、样品的审核比例均为 100%。

4.4.5 质量控制结果与评价

在成果集成质量控制工作中，严格落实各环节的内部和外部质量控制要求，加强质量监督检查，确保了入库数据信息 100%规范、完整、符合技术要求；报告和图集等成果引用数据与入库数据信息 100%一致，内容完整、编制规范；样品库建设符合技术要求，设施设备配备符合质量管理需求，入库样品和样品信息完整，可长期稳定保存。

4.4.6 实践中常见问题案例

（1）数据信息填写不完整

某省在将样品分析测试数据及其信息上报到信息系统时，在数据提交环节遇到无法提交的提示，显示本次提交的数据信息未通过信息系统的完整性强制校验。经核查，其原因是在某个未检出指标的填报中数据信息出现缺项，不符合数据完整性要求。补充相关信息后，数据信息顺利提交。

（2）数据信息录入错误

某省在收集、汇总样品测试数据后，对某区域内全部指标数据进行数据审核时发现，有 1 个点位的 1 个检测指标的测试数据明显高于周边其他点位数据，为此对该数据及其质量控制数据进行了再核查，通过内部和外部质量控制措施以及质量控制结果等方面复核，发现该点上报数据为人工录入错误；经过各级审核、修订后重新报送。

（3）报告中图件与所引数据信息存在差异

在报告编写过程中进行结果核查时发现，某点位镉的文字和图件结果存在细微差异，即从信息系统中导出的数据分析结论与图件中的表达不一致；经审核，是由于数据库中数据信息更新后，图件结论未同步更新。后续应用最新数据重新绘制了图件。

（4）入库样品瓶不符合技术规定

在土壤样品入库前、对每个瓶体和密封情况进行检查时发现，个别省（区、市）未使用要求规格的样品瓶，如使用超大规格的样品瓶，使用无色广口样品瓶等。经发现立刻反馈相应省（区、市），后续按照入库样品技术规定更换样品瓶、重新打印和贴放标签、密封并进行审核后，将样品入库。

（5）入库样品流转时发现送交样品的样品瓶存在破损

在土壤样品入库前、对每个瓶体和密封情况进行检查时发现，个别省（区、市）样品经长途运输样品瓶破碎。经发现立刻反馈相应省（区、市），启动本省详查样品备用样品，重新发送样品库。

第5章　企业用地调查全过程质量控制实践

企业用地调查是我国首次在国家层面针对重点行业企业用地，组织开展的大规模、系统性土壤污染风险筛查调查，包括调查对象确定、基础信息调查、风险筛查与分级、地块采样调查、成果集成等工作环节。对企业用地调查全过程实施有效的质量控制是确保调查工作质量的重要保障。本章主要介绍企业用地调查各工作环节的质量目标、质量控制要点与难点、质量控制方式、质量控制要求、质量控制结果与评价等内容，并以典型案例的方式对企业用地调查过程中出现的常见质量问题进行了举例说明。

5.1　调查对象确定

调查对象确定是企业用地调查的第一步工作。采取国家与地方上下联动的方式，比对不同来源企业名单数据，筛选出符合条件的土壤污染重点企业名单作为企业用地调查的调查对象。

5.1.1　质量目标

检查调查对象确定过程是否按照筛选技术要求进行，确保调查对象名单的全面性与准确性。

5.1.2　质量控制要点与难点

（1）质量控制要点

调查对象确定过程是否符合增补和删减技术要求，调查对象名单确定是否全面准确。

调查对象名单确定全面性核心是保障调查对象的应查尽查，包括调查对象增补和删减。调查对象增补应按照调查对象全面性要求进行核实，重点开展现有调查对象与第二次全国污染源普查（以下简称二污普）重点行业企业、全国土壤环境重点监管企业、农药企业、全国持证危险废物填埋场、全国危险化学品搬迁改造企业和相关舆论及社交源企业等多源企业名单的比对分析，其中二污普清单是目前国内覆盖范围最广的在产企业清单，与二污普清单进行比对是确保调查对象增补全面性的重点工作，应将二污普中属于 73 个行业小类的大中规模及 15 年以上小微规模企业补充纳入调查范围。

调查对象删减合理性主要是指审查、核实不查地块名单的删减理由及依据是否合理、充分。

调查对象名单的准确性是指核查名单中地块基本信息的准确性，如地块名称、地址、行业类别等。

（2）质量控制难点

多源信息比对分析结果合理性。国家层面建立的重点行业企业初步清单是根据不同部门提供的信息整合形成的，主要来源：企业工商注册信息、全国污染源普查信息、全国土壤环境重点监管企业名单、农药企业名单、全国持证危险废物填埋场名单、全国危险化学品搬迁改造企业名单等。由于不同来源的企业信息时效性不一致，所以需要对企业信息进行比对分析。

地方核实结果的准确性。由于企业信息来源不同，有时存在“一企多名”“一址多企”的情况，或是企业名称不规范，存在简称、同企不同名、同名不同企等现象，所以需要地方进行核实确认，并根据实际情况对调查对象名单进行增补或删减（图 5-1）。

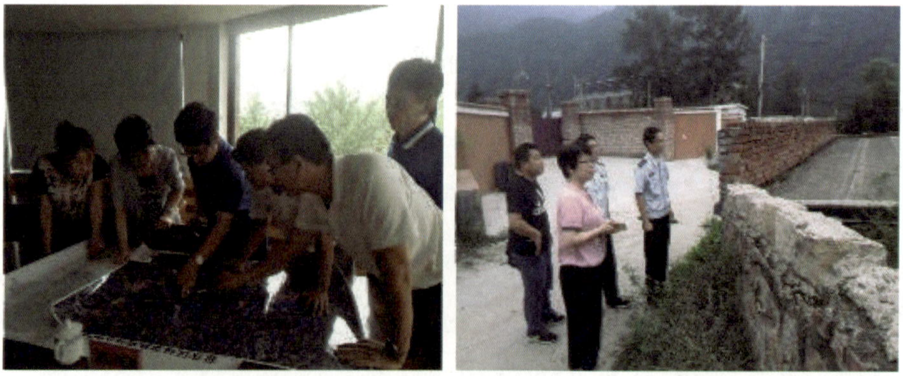

（a）调查对象确定企业信息核查　　（b）调查对象确定现场核实

图 5-1　调查对象确定核实

5.1.3 质量控制方式

运用基于遥感影像、污染源遥感核查工作平台，核实调查对象删减合理性；运用多源数据比对方法，检查调查对象名单确定的全面性；通过专家复核、地方核实调查对象确定过程的规范性和结果的全面性、准确性。

5.1.4 质量控制要求

要求任务承担单位内审、省级外审和国家级审核比例均达到 100%。

5.1.5 质量控制结果与评价

各省（区、市）均按照要求开展调查对象全面性核实工作，并对国家层面整合的多源数据信息对调查对象进行增补，对核实不查地块进行现场复核确认工作，调查对象经过增补和删减，全国增加了 12.8%，实现了调查对象确定的质量目标。

5.1.6 实践中常见问题案例

（1）调查对象删减理由不充分

如图 5-2 及图 5-3 所示，某地块经地方核实“该企业不存在”，拟从名单中删减该企业地块。但经国家层面删减合理性抽查，发现该企业卫星遥感影像上位置明确，经天眼查 App 企业营业信息、注册地址等信息核实，发现该企业经营状态为“存续”。因此，判定地方关于该企业地块删减理由不充分，应重新纳入调查对象。

图 5-2 某企业地块卫星遥感影像示例

图 5-3 某地块企业信息示例

（2）调查地块删减理由不合理

例如某企业，地方删减原因为“不符合筛选原则”且地方未给出任何其他佐证材料以说明其不符合筛选原则。而经国家层面审查发现，该企业为在产企业，行业类别为铁矿采选，行业代码为 0810，属于土壤污染重点行业类型；企业规模为小型，2004 年开采，开采方式主要为群采，2010 年企业正式投产，为地下开采，年产量 10 万 t，按照筛选原则截至 2019 年开采时间超过 15 年，应该纳入调查。因此，判定地方关于该地块的删减理由不合理，需将该地块纳入调查对象中。

（3）调查对象多源数据比对“一址多企”

调查对象多源数据名单比对时，位于某村委会的某化工原料有限公司作为疑似遗漏的调查对象下发给地方，经地方核实反馈该公司与已纳入的调查对象某化工有限责任公司地块地址相同。

5.2 基础信息调查

基础信息调查是通过资料收集、现场踏勘和人员访谈等方式收集企业及地块历史和现状信息，经核实确认后方可填入基础信息调查表，录入基础信息调查数据库，为企业用地地块风险筛查和风险分级提供准确信息与真实数据。

5.2.1 质量目标

确保调查表填报信息的规范、完整、准确，真实反映地块实际污染状况，为风险筛查和风险分级提供可靠基础信息。

5.2.2 质量控制要点与难点

5.2.2.1 基础信息采集

（1）质量控制要点

检查调查表信息填报的完整性、规范性、准确性是基础信息采集的质量控制要点。重点检查调查表中影响风险筛查结果的关键信息项（附录 2 附表 B-1），主要包括企业生产经营活动时间、地块利用历史、污染物对人体健康的危害效应、敏感受体、重点区域距离敏感目标的距离、特征污染物、污染物迁移性和挥发性、地下防渗措施、地块是否发生泄漏事故等。

（2）质量控制难点

对调查表信息填报准确性的判断是基础信息采集的质量控制难点。难点主要来自以下 3 个方面。

1）信息项数据来源多。通过资料收集的信息可能来自环评报告、污染源普查、环境统计报表、企业排污申报或排污许可证等多份资料，也可能来自现场踏勘或人员访谈，经常会存在不同资料来源信息不一致或者现场状况与资料不一致的问题。

2）地块污染状况和成因复杂。历史状况难掌握，现状和历史状况往往变化大，从发现污染的角度来说，需同时考虑地块现状和历史上可能造成污染的情况。

3）专业判断难。准确性主要依赖于质量控制人员的专业判断，不同人员的经验与能力很难达到完全一致。

5.2.2.2　空间信息采集

（1）质量控制要点

空间信息采集主要依据《重点行业企业用地调查空间数据审核入库工作方案》（以下简称《空间数据审核入库工作方案》），对规定的项目进行完整性、规范性和准确性审核。质量控制要点：一是厘清各类调查对象的数量关系，以确定各地块类型的空间信息数量关系；二是确保实现空间数据与调查对象名单一致，一个调查对象名单有且只有一个空间信息与之对应，不能出现一对多、多对一的情况。

（2）质量控制难点

从多种空间信息中分辨出存在错误的企业位置关系是空间信息采集质量控制难点。空间信息是带空间坐标的数据，不仅有地块边界的面矢量，而且有重点区域和敏感受体的点矢量，并且每一个地块边界、每一个点位都有自己的属性信息，数据量巨大，数据之间有复杂的空间位置关系（图 5-4）。

（a）基础信息调查现场踏勘核实　（b）基础信息调查表填报质量检查　（c）基础信息调查表质量控制审核研讨

图 5-4　基础信息调查质量检查

5.2.3 质量控制方式

通过专家审核，专家审核意见记录于调查表填报质量检查表中（附录 2 附表 B-2）；运用信息系统审核，通过设置填报条件、开发插件等形式，对空间信息完整性与规范性进行系统审核，对空间信息准确性进行抽审。

5.2.4 质量控制要求

对基础信息调查表开展调查小组自审和调查单位内审、省市级外审和国家级抽审三级审核，要求自审和内审的审核比例达到 100%，省市级外审比例不低于 20%，合格率达到 80%以上；对空间信息，要求 100%审核，100%入库。

5.2.5 质量控制结果与评价

5.2.5.1 基础信息调查

（1）任务承担单位自审和内审

自审和内审是基础信息调查质量保证的基础，由信息采集工作组对地块调查表填报信息进行自审，任务承担单位对本单位完成的所有调查地块信息进行内审，实现了基础信息调查的 100%自审和内审。对国家级抽审和省市级外审发现有质量问题的调查表，任务承担单位均按要求进行了整改闭环，确保了基础信息调查数据质量。

（2）省市级外审

全国省市级外审抽查比例超过 20%，抽查合格率均达到质量控制要求。

（3）国家级抽审

在国家级调研指导、技术帮扶和监督检查中，通过线上和线下相结合的方式，对基础信息调查表进行抽查，抽查合格率达到质量控制要求。

5.2.5.2 空间信息采集

（1）省市级质量控制单位自审

各省市级质量控制单位在完成调查地块底数一致性核对的基础上，根据《空间数据审核入库工作方案》中规定的审核项目完成自审（附录 2 附表 B-3），并按要求上报国家级审核。

（2）国家级审核

空间信息采集严格按照《空间数据审核入库工作方案》中规定的审核项目，国家层面通过初审、复审和再审 3 个环节完成空间信息数据审核，做到应查尽查严查。空间信息数据实现了 100%审核、100%通过、100%入库，确保了空间数据与调查对象名单一致、与地块调查表内容一致、与工作底图一致，相邻地块空间数据一致。

5.2.6　实践中常见问题案例

5.2.6.1　基础信息调查问题案例

（1）地块信息填报不完整

如图 5-5 所示，该地块迁移途径信息缺失，尤其是地下水埋深、饱和带渗透性、地块所在区域地下水用途等内容未填写；图 5-6 所示地块危险化学品、废气、废水、特征污染物等关键信息项未填写；图 5-7 所示地块重点区域面积未填写。以上关键信息项内容的缺失会导致风险筛查结果不准确。

三、迁移途径信息调查表			
土壤途径			
是否有杂填土等人工填土层	□是　□否		
序号	土层性质		
1	■碎石土　□砂土　□粉土　□黏性土　□不确定		
地下水途径			
地下水埋深（m）		饱和带渗透性	□砾砂土及以上　□粗砂土、中砂土及细砂土　□粉砂土及以下　□不确定
地块所在区域是否属于喀斯特地貌	□是　□否	年降水量（mm）	2092.6

敏感受体基本信息			
地块内职工人数	80	地块周边 500 m 范围内人口数量	□>5 000　■1 000～5 000　□100～1 000　□<100
地块周边 1 km 范围内存在以下敏感目标及敏感目标到最近的重点区域的距离*（可多选）	■地表水体（m）：200 ■自然保护区（m）：400 □食用农产品产地（m）： □饮用水井（m）： □医院（m）： ■居民区（m）：250 ■学校（m）：500 □无敏感目标 ■幼儿园（m）：500 □集中式饮用水水源地（m）：	地块所在区域地下水用途	□食品加工　□工业用途　□不开发　□不确定　□水源保护　□农业灌溉　□饮用或生活用水
地块邻近区域（100 m 范围内）地表水用途（若地块周边 100 m 范围内无地表水，则不填）	□饮用或生活用水　□水源保护　□食品加工　□农业灌溉　□工业用途　□不利用　□不确定		

图 5-5　迁移途径信息缺失示例

<table>
<tr><td colspan="4">来源</td></tr>
<tr><td colspan="2">危险化学品名称</td><td colspan="2">产量或使用量</td></tr>
<tr><td colspan="2"></td><td colspan="2"></td></tr>
<tr><td colspan="4">废气</td></tr>
<tr><td>是否排放废气</td><td>□未知 □否 ■是</td><td>来源</td><td></td></tr>
<tr><td colspan="4">废水</td></tr>
<tr><td>是否产生工业废水</td><td>□未知 □否 ■是</td><td>来源</td><td></td></tr>
<tr><td>厂区内是否有废水治理设施</td><td>■是 □否</td><td>是否有废水在线监测装置</td><td>■是 □否</td></tr>
<tr><td colspan="2">序号</td><td colspan="2">废水污染物名称</td></tr>
<tr><td colspan="2">1</td><td colspan="2"></td></tr>
</table>

<table>
<tr><td>该地块土壤是否存在以下情况</td><td>□周边邻近地块曾发生过化学品泄漏或环境污染事故 □现场快速检测设备（XRF、PID 等）显示污染物含量明显高于清洁土壤 □访谈或已民用工业记录表明该地块内土壤曾受到过污染 □无 □地块内裸露土壤有明显颜色异常、油渍等污染痕迹 □地块内裸露土壤有异常气味</td><td>该地块地下水是否存在以下情况</td><td>□地下水有颜色或气味等异常现象 □现场快速检测设备显示地下水水质异常 □无 □地下水中能见到油状物质 □该企业有易迁移的污染物（如六价铬、氯代烃、石油烃、苯系物等） □地块内及周边邻近地块曾发生过以下储罐泄漏或其他可能导致地下水污染的环境污染事故 □访谈或已有记录表明该地块地下水曾受到过污染</td></tr>
<tr><td>地块是否存在特征污染物</td><td colspan="3">□是 □否 □未知</td></tr>
<tr><td>序号</td><td colspan="3">特征污染物名称</td></tr>
<tr><td>1</td><td colspan="3"></td></tr>
</table>

图 5-6 地块危险化学品、废气、废水、特征污染物等关键信息项缺失示例

<table>
<tr><td colspan="4">地块综合情况</td></tr>
<tr><td>生产区面积（m^2）</td><td></td><td>储存区面积（m^2）</td><td></td></tr>
<tr><td>废水治理区面积（m^2）</td><td></td><td>固体废物贮存或处置区面积（m^2）</td><td></td></tr>
<tr><td>重点区域地表（除绿化带外）是否存在未硬化地面</td><td>□是 ■否</td><td>重点区域总面积（m^2）</td><td></td></tr>
</table>

图 5-7 地块重点区域面积缺失示例

（2）化学物质名称填报不规范

如图 5-8～图 5-10 所示，该地块废水、废气、特征污染物名称填报不规范。《重点行业企业用地调查信息采集技术规定》要求填报废水、废气及特征污染物中重金属、有机物等有毒有害物质名称。该案例中填报的不是具体化学物质名称，如 COD、BOD、垃圾渗滤液、铬酸溶液、多环芳烃类 15 种等均未明确具体化学物质，无法用于风险筛查模型计算。

序号	废水污染物名称*
1	氨氮
2	COD
3	BOD
4	SS
5	总磷

序号	废水污染物名称*
1	垃圾渗滤液

图 5-8 废水污染物名称填报不规范示例

序号	废气污染物名称
1	氯化氢［无水］
2	氰化物
3	铬酸溶液
4	硫酸

图 5-9 废气污染物名称填报不规范示例

序号	特征污染物名称
1	C1-多环芳烃 15 种
2	D1 类-土壤 pH

图 5-10 特征污染物名称填报不规范示例

（3）引用信息来源未明确参考资料时间

如图 5-11 所示，引用环评资料未明确具体环评时间，如同一地块开展多次环评，无法确保信息来源。

来源	环评

图 5-11 引用环评资料未明确环评时间示例

（4）面积填报不准确

如图 5-12～图 5-14 所示，该地块面积填报不准确。图 5-12 重点区域总面积应为地块内各重点区域面积之和，包括生产区、储存区、废水治理区、固体废物贮存或处置区，但图中重点区域总面积远小于各重点区域面积之和。图 5-13 和图 5-14 中分别显示生产区面积为 0 及地块占地面积为 1.5 m^2，面积填报不准确。

地块综合情况			
生产区面积（m^2）	4000	储存区面积（m^2）	200
废水治理区面积（m^2）	0	固体废物贮存或处置区面积（m^2）	30
重点区域地表（除绿化带外）是否存在未硬化地面	□是　■否	重点区域总面积（m^2）	2000

图 5-12　面积填报不准确示例

地块综合情况			
生产区面积（m^2）	0	储存区面积（m^2）	400
废水治理区面积（m^2）	16800	固体废物贮存或处置区面积（m^2）	100
重点区域地表（除绿化带外）是否存在未硬化地面	□是　■否	重点区域总面积（m^2）	17300

图 5-13　生产区面积填报不准确示例

地块占地面积（m^2）	1.5

图 5-14　地块占地面积填报不准确示例

（5）信息填报矛盾

如图 5-15 所示，该地块工业废水产生和治理信息前后矛盾。是否产生工业废水勾选为否，即理论上不应存在废水治理区；但废水治理区面积却填写了具体数值，前后存在逻辑矛盾，故判断该案例这两个信息项中至少有一项信息填报不准确，需进一步核实。

如图 5-16 所示，企业规模为小型，地块内职工人数为 570 人，按照《重点行业企业用地调查信息采集技术规定》，从业人员为 300～1 000 人的企业规模应划分为中型，故前后信息矛盾，需进一步确认填写信息的准确性。

废水			
是否产生工业废水	□未知 ■否 □是	来源	
厂区内是否有废水治理设施	□是　□否	是否有废水在线监测装置	□是　□否

废水治理区面积（m^2）	15.70	固体废物贮存或处置区面积（m^2）	42.00
重点区域地表（除绿化带外）是否存在未硬化地面	□是　■否	重点区域总面积（m^2）	2745.70

图 5-15　工业废水产生和治理信息前后矛盾示例

登记注册类型	100 内资企业-150 有限责任公司	企业规模	小型

地块内职工人数	570

图 5-16　企业规模和地块内职工人数前后矛盾示例

5.2.6.2　空间信息采集问题案例

（1）地块边界勾画不准确

图 5-17 中的勾画错误包括地块边界压过屋顶中线、横跨道路，以及勾画完全偏离实际位置等情况。

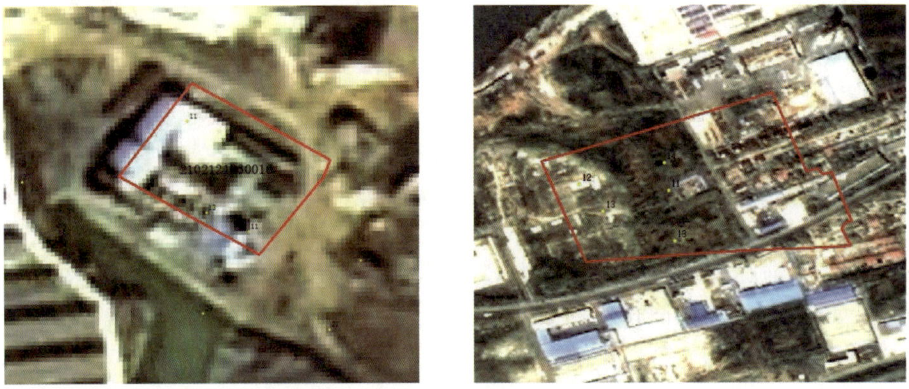

图 5-17　地块边界勾画不准确示例

（2）点位属性信息不准确

图 5-18 中地块边界对应的地块编码为#####2320016，而位于此地块内编号 27 的敏感受体点对应的地块编码为#####1320016。

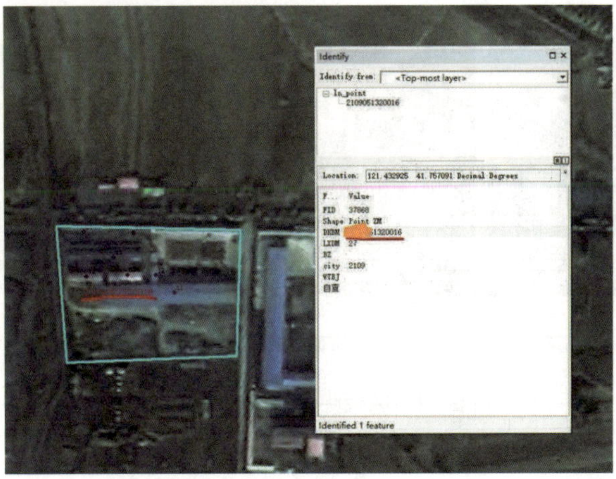

图 5-18　点位属性信息不准确示例

5.3 风险筛查与分级

风险筛查与分级是企业用地调查的核心内容与工作环节，也是质量保证和质量控制的重点。利用企业用地调查地块风险筛查与风险分级系统计算地块环境风险分值，结合管理需求，划分地块关注度，综合确定各地块的环境风险等级。风险筛查的结果决定了企业地块是否进一步开展采样调查工作，并为风险分级提供参考数据，服务于土壤环境管理需求。

5.3.1 质量目标

检查基于模型计算和专业经验判断的风险筛查与分级结果的优化过程是否规范、结果是否合理。

5.3.2 质量控制要点与难点

（1）质量控制要点

风险筛查与分级过程的规范性和结果的合理性。主要针对结果优化的过程和结果进行质量控制。在结果优化过程方面重点关注地块关注度划分标准调整、偏差地块查找、偏差地块结果优化等工作过程的规范性；在优化结果方面重点关注优化结果的合理性和材料的完整性。

（2）质量控制难点

风险筛查与分级结果优化工作技术性强、涉及内容多与地方专业力量相对薄弱之间的矛盾造成的优化过程不规范，以及专业判断与优化过程存在的主观性（图 5-19）。

（a）风险分级现场调研指导　（b）风险筛查纠偏试点工作讨论会　（c）风险分级工作交流讨论

图 5-19　风险筛查与风险分级审核

5.3.3　质量控制方式

主要通过数学统计优化风险筛查模型和风险等级调整规则专家审查与复核等方式，根据风险筛查专家审核表中内容（见附录 2 附表 B-4），开展风险筛查与分级结果审核。

5.3.4　质量控制要求

任务承担单位内审、省级外审和国家级审核比例均达到 100%。

5.3.5　质量控制结果与评价

（1）任务承担单位内审

任务承担单位按要求完成了风险筛查与分级结果初步优化工作，通过分析风险筛查与分级结果合理性，利用统计方法或专家经验查找与实际情况明显不符企业，分析偏差原因，并提出初步优化调整建议，编写了结果初步优化调整报告。

（2）省级外审

各省（区、市）均开展了风险筛查与分级结果优化工作，在地块初始风险关注度和风险等级的基础上，对部分地块进行了关注度和风险等级偏差优化，地块关注度和风险水平的总调整比率不高，优化结果均得到地方生态环境部门的认可并全部上报。

（3）国家级审核

国家层面一次审核风险筛查与分级结果时，仅个别地块存在问题，二次审核时全部通过，保证了风险筛查与分级结果的合理性。

5.3.6　实践中常见问题

5.3.6.1　风险筛查常见问题

（1）地块遗漏

个别基础信息太少不能开展风险筛查分值计算的关闭搬迁地块，未通过优化调整确定关注度水平。

（2）调整理由不充分

核实优化过程记录发现，个别地块关注度水平直接调低或调高的理由不充分。

（3）成果材料不完整

个别省（区、市）未按照要求提交由生态环境主管部门认可的关注度划分标准和纠偏结果汇总表等。

（4）风险等级结果不一致

地方提交的风险等级初步结果与国家层面下发的不一致，导致风险等级调整地块数量计算不正确。

（5）未及时修改系统中地块基础信息

由于基础信息填报不正确对风险等级结果进行调整，但系统中地块的基础信息尚未修改。

（6）调整理由不充分

在风险等级结果复核过程中发现，部分地块风险等级直接调低的理由不充分。

5.4 采样调查

采样调查是企业用地调查关键环节，是在有限时间和经费条件下，开展的样本调查。采样调查包括布点采样方案编制、样品采集流转和保存、实验室分析测试以及数据上报审核等。通过采样调查，获取企业用地土壤和地下水污染信息和证据，为风险筛查结果的验证和风险分级提供重要依据。

5.4.1 布点采样方案编制

5.4.1.1 质量目标

确保布点采样方案科学合理，实现以有限的点位数量获取地块是否存在污染的证据。

5.4.1.2 质量控制要点与难点

（1）质量控制要点

布点位置的选择，重点关注是否布设在污染可能性较大的位置和点位调整优化是否合理，在不具备采样条件的情况下，布点位置是否更接近污染源或在污染物迁移方向设置。

采样深度的确定，重点关注污染物特性和地层性质。

检测指标的确定，重点关注是否包含《土壤环境质量　建设用地土壤污染风险管控标准（试行）》（GB 36600—2018）中的必测项目和基础信息调查识别的地块特征污染物。

（2）质量控制难点

核实方案中信息内容的手段有限。布点采样方案审核主要是对方案中的表述逻辑加以甄别，但在信息全面性的辨别上，除了依靠基础信息调查的结果外，只能通过一些现场点位核实的照片进行识别，与准确判断信息的真实性、全面性和合理性还存在差距。

点位调整的合理性判断。布点位置的污染捕获性和安全性有时存在矛盾，特别是在产企业。例如，涉及有毒有害物质的物料和废水运输管线可能是泄漏的高风险位置，但在布点时又要出于安全考虑尽量远离这些位置，有时过度以此为理由避免最佳布点位置会失去捕获污染的最初目标。

5.4.1.3　质量控制方式

主要通过专家评审会和质量控制专家持续线上抽审开展质量控制，适时开展线下调研督导、技术指导和监督检查，布点方案专家审核意见记录表见附录 2 附表 B-5。

5.4.1.4　质量控制要求

任务承担单位布点采样方案自审和内审比例 100%，内审是组织专家对所有布点方案进行论证，并根据专家论证意见进行修改完善。

省级质量控制单位对布点采样方案进行抽审，外审比例不少于每个任务承担单位工作量的 10%，且每个承担单位至少进行 1 次。

5.4.1.5　质量控制结果与评价

（1）任务承担单位内审

布点采样方案编制任务承担单位均按要求在进场采样前对每个方案完成小组自审和单位内审，并组织专家对编制的布点采样方案开展了专家初审。对国家级抽审和省级外审不合格的采样布点方案，任务承担单位均按照专家审核意见修改完善布点采样方案，组织专家再审，完成了质量控制闭环工作。

（2）省级外审

各省（区、市）布点采样方案省级外审比例均超过每个任务承担单位工作量的 10%，达到质量控制要求，完成了承担单位和区县双覆盖抽审，全面完成采样布点方案的省级质量控制工作。

（3）国家级抽审

国家层面对各省（区、市）向信息系统提交的布点采样方案持续开展线上抽审，抽审任务承担单位覆盖率达到 72%，布点采样方案抽审通过率提升至 100%，实现了在产企业和关闭企业两个全覆盖，提升了布点采样方案编制质量。

5.4.1.6 实践中常见问题

（1）布点位置现场识别不正确

布点位置现场确定工作不扎实，对于实际布点位置的判断原因不正确，如把储存处理后废水的水池识别为污染物浓度较高的调节池进行布点。

（2）布点位置不合理

过度突出安全和影响生产的因素，导致布点位置失去捕获污染的目标。大部分情况下，布点安全的问题以及对生产的影响相对会引起更大关注，但是对于布点位置在捕获污染优势上的要求没有那么高，因此未能选择更为理想的位置。

（3）土壤钻探深度设置不合理

将不同点位土壤钻探深度设置为同一个深度（图 5-20），未综合考虑地块实际地层分布特征、污染物迁移特性、地下设施的埋深、地下水埋深和流向等因素。

编号	布点位置	布点位置确定理由	是否为地下水采样点	土壤钻探深度/m
1A01	生产车间表面处理区域北边废气处理设施路面接缝处	存在裂缝，污染可能性较大，故选择在该处布置一个土壤采样点位	□是 ☑否	6
1A02	表面处理车间外水泥路面与地面交接绿化带出	点位位于车间南侧，位于带个地块地下水下游方位，可捕捉整个生产区域乃至整个地块可能造成的污染，由于车间内部设置有防渗措施，地面未发现硬化裂缝等，车间内没有施工条件，所以选择在外靠近车间门口位置污染物迁移的下游布设一个点位。在客观限制条件下尽最大的可能捕捉该区域	□是 ☑否	6
1C01	危险废物暂存间南侧	因厂房内该区域无施工条件，在紧邻危险废物暂存间南侧，可能迁移的方向布设采样点位	□是 ☑否	6
1C02	危险废物暂存间东侧门口南侧	因厂房内该区域无施工条件，将点位布设于危险废物储存区域南侧靠近危险废物暂存间区域位置，该位置位于应急收集槽外部，地下水下游方向，鉴于石油烃为易迁移的污染物，如发生跑、冒、滴、漏，是最有可能受污染的区域，因此设置一个采样点位	□是 ☑否	6
1D01	暂存池外地面裂缝处	地面存在裂缝，池体内存在残留切削液、珩磨液，可能会产生土壤及地下水污染，故选择在该处布置一个土壤采样点位	□是 ☑否	6
1D02	东南侧硬化地面与绿化交界处	根据地面径流及地下水流向在污染物迁移的下游，靠近路面接缝处	□是 ☑否	6

图 5-20 土壤钻探深度设置不合理示例

（4）布点所采用底图与基础信息调查阶段收集的图件不一致

信息采集调查记录表中所附平面布置图与布点方案中平面布置差别较大，未说明来源及理由，且未提供对比图。如地块最北侧面积为 1 373 m^2 的建筑填表说明中标注为生产车间，但在布点方案中标记为办公室，未做出说明。

（5）疑似污染区域识别不充分

布点方案简单将疑似污染区分成 A、B、C 区，划定未考虑污染设施分布情况，如储存区 C 区包含生产车间；不同类型重点区域、不同工艺生产车间简单进行合并，未划定为独立的疑似污染区，如自抛车间、氧化车间、废水治理区、固体废物处置区等均应单独列为疑似污染区域；将办公楼、道路等非重点区域纳入疑似污染区域。

（6）布点区域选择依据是否充分

将疑似污染区直接变成布点区，缺乏布点区域筛选过程说明。各功能区特征污染物不完全一致，不应合并，如除油工艺主要为总石油烃；丝印工艺主要为苯系物等；煤棚、锅炉车间，应主要为苯并[*a*]芘、汞和砷等；应针对各功能区的特征污染物、毒性、渗漏风险等因素单独分析、筛选、捕捉污染最严重区域。

（7）土壤和地下水样品采样深度确定方法不正确

布点方案给出的土壤钻探深度为“静止水位”，应达到地下水初见水位；非水土共同点位不满足应在水位线附近 50 cm 范围内和地下水含水层中各采集一个土壤样品的技术要求；地下水含油类物质，但采样深度设置水位线下 1 m 不合适，应采集上部地下水。

（8）采样点现场确认标识不规范

采样点现场标记为非固定式，如将标识的涂料喷涂在易于移动的木块上，不满足定点要求。

5.4.2　样品采集流转和保存

5.4.2.1　质量目标

确保样品采集流转和保存工作的真实、准确和规范，采集到反映地块最大污染情况的代表性样品，按规定要求流转和保存样品，实现样品全过程可追溯，为实验分析环节提供真实可靠的检测样品。

5.4.2.2　质量控制要点与难点

保证各类样品采样操作技术的规范性。如采集挥发性有机物样品，应尽可能地减少样品在采集和保存过程的中的损失。

保证采集土壤样品的代表性。对采样位置的要求，以及完整岩芯、样品污染识别及现场快速检测均是为了提高采集样品代表性。为了突出样品代表性，要求不同检测指标的样品可位于不同的深度，这是由不同性质污染物的迁移特点决定的。

保证土壤样品在代表性基础上的均质性。由于土壤的非均质性，使污染物在土壤空间上分布差异性大，当采集检测用量大的样品时，为了满足样品分析测试需求，可将相邻位置同一深度的土壤样品混合（图 5-21）。

（a）样品采集现场调研指导

（b）土壤样品采集指导帮扶　（c）土壤样品采集土层性质检查

图 5-21　样品采集现场指导与检查

5.4.2.3　质量控制方式

通过专家对样品采集流转和保存资料进行抽审，对实际工作情况现场检查，以及适时开展线下调研督导、技术帮扶和监督检查，样品采集流转保存检查记录表见附录 2 附表 B-6。

5.4.2.4　质量控制要求

任务承担单位采样工作组应在撤场前完成采样 100%自审；任务承担单位应设置专

门的质量检查组，负责对本单位承担的采样完成 100%内审。

省级采样资料审核比例不少于每个任务承担单位工作量的 10%，且每单位不少于 1 次；省级现场检查比例不少于每个任务承担单位工作量的 5%（以检查同一单位的采样过程全环节计），且每单位不少于 1 次，前 3 个地块必须完成现场检查。

5.4.2.5 质量控制结果与评价

（1）任务承担单位内审

采样任务承担单位各采样工作组在撤场前均完成自审，最大限度预防严重质量问题；采样任务承担单位均按要求全部完成了采样资料的内审。所有任务承担单位对国家级抽审和省级外审发现存在质量问题的采样地块，均按照专家审核意见进行整改或者重新采样，全部完成质量控制闭环工作。

（2）省级外审

各省级质量控制单位组织的质量检查组对本行政区域采样工作质量进行了资料审核与现场检查。各省级质量控制单位对采样资料线上抽检率和采样现场检查率均超过各任务承担单位工作量的 10%和 5%，实现了每个承担单位前 3 个地块必须完成现场检查的要求。

（3）国家级抽审

国家层面对各省（区、市）向信息系统提交的地块采样资料持续开展线上抽审，抽审任务承担单位覆盖率达到 90.3%，规范了土壤和地下水样品采集过程。

5.4.2.6 实践中常见问题

（1）不同污染程度的土壤样品混合

不同污染程度的样品混合。由于检测指标偏多，加之部分样品采样量大，因此样品量对某些钻探设备（如 GP 钻机）的取样器容量是比较大的挑战。采样时，将快筛结果明显异常的样品与相邻样品进行混合，仅为了能够采集到足以满足样品分析测试需要的样品量。

（2）仅针对部分送检土壤样品进行现场快速检测

部分采样记录显示现场污染识别未能实现对采样的指导作用。根据前文所述，污染识别和现场快速检测旨在识别污染可能性最大的样品，然而，部分采样小组未能领会此意图，仅对采集送检的样品进行了现场快速检测（图 5-22）。

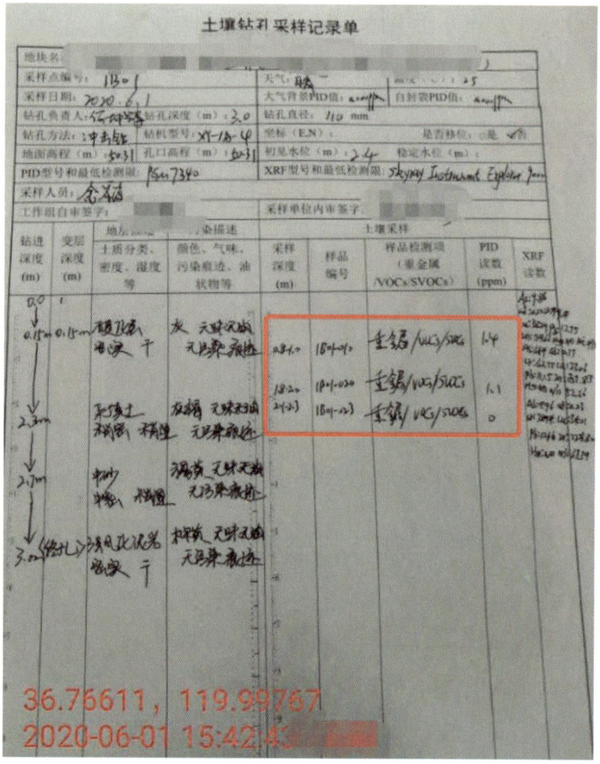

图 5-22　现场污染识别未能实现对采样的指导作用示例

（3）土壤样品岩芯不完整

土壤样品钻出后，用于采集重金属和 VOCs 检测的土壤样品岩芯散乱、不完整（图 5-23）。

图 5-23　土壤样品岩芯不完整示例

（4）地下水成井洗井不满足技术要求

如图 5-24 所示，洗井记录单显示成井洗井结束时间是 5 月 5 日 15：50，采样前洗井开始时间是 5 月 6 日 14：58，间隔只有 23 h，不满足《重点行业企业用地调查样品采集保存和流转技术规定》中要求“地下水采样井建成至少 24 h 后，才能进行洗井”。

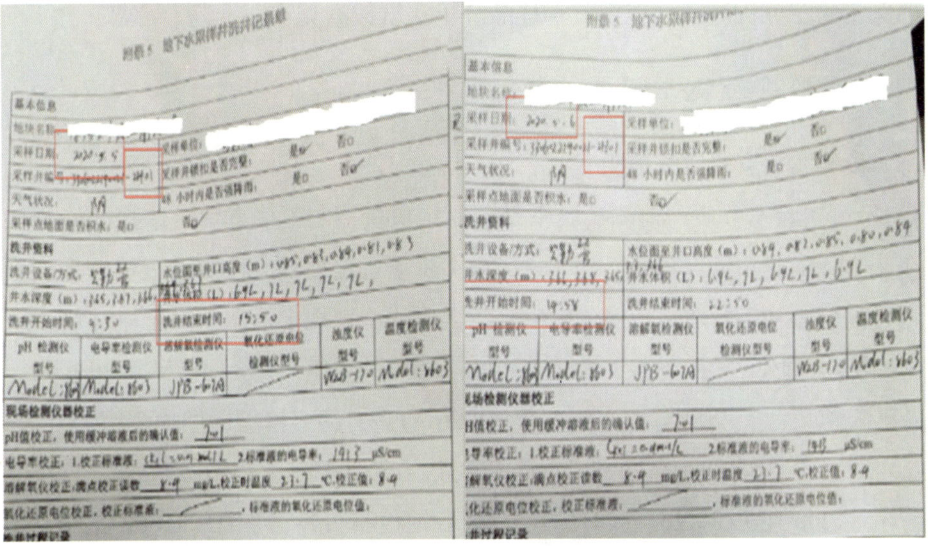

图 5-24　地下水成井洗井不满足技术要求示例

（5）地下水 VOCs 采样操作不规范

如图 5-25 所示，地下水 VOCs 采样时，采样管中出水流速过快，水样应沿瓶壁缓缓流入，图中所示操作容易产生气泡。

如图 5-26 所示，地下水 VOCs 采样时采用二次灌装，即未直接采集到样品瓶中而是先采集到烧杯中，由烧杯再转移至样品瓶中，不符合技术规范，此项操作会导致 VOCs 样品挥发，测试结果不准确。

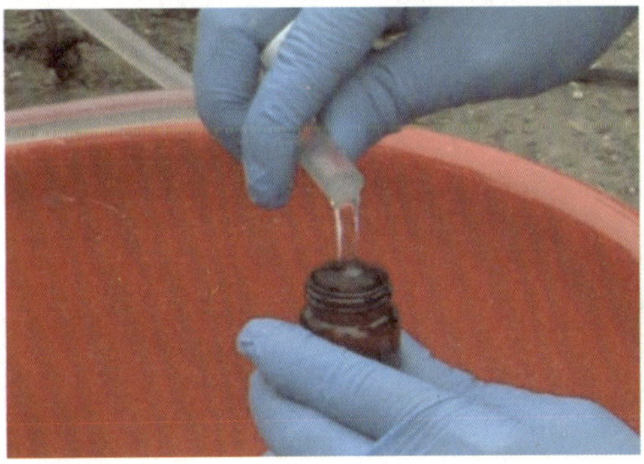

图 5-25　地下水 VOCs 采样操作不规范示例 1

图 5-26　地下水 VOCs 采样操作不规范示例 2

5.4.3 样品分析测试

5.4.3.1 质量目标

确保实验室分析测试过程规范，样品分析测试数据真实、准确、可靠。

5.4.3.2 质量控制要点与难点

（1）检测实验室资质与能力

1）检测实验室资质。检测实验室是否制定质量控制工作方案，承担的检测任务是否存在非 CMA[①]资质认定项目，对于非 CMA 资质认定项目应核实是否符合本次企业用地调查对部分检测指标适当放宽 CMA 资质认定的特别规定，即①《土壤环境质量 建设用地土壤污染风险管控标准（试行）》（GB 36600—2018）中检测指标除甲基汞、苯胺、3,3′-二氯联苯胺、多溴联苯（总量）、PCB126、PCB169 外，其他项目均应取得 CMA 资质认定；②对 GB 36600—2018 中尚没有标准方法的甲基汞、苯胺、3,3′-二氯联苯胺、多溴联苯（总量）、PCB126、PCB169，以及各地检测实验室在 GB 36600—2018 之外难以及时获得 CMA 资质认定的检测指标，可以在完成方法验证且经省级质量控制实验室审核确认满足《重点行业企业用地调查质量保证与质量控制技术规定》要求的前提下豁免 CMA 资质认定要求，由省级质量控制实验室给予暂时能力认可，其检测报告加盖实验室检验检测专用章、不盖 CMA 专用章；③《地下水质量标准》（GB/T 14848—2017）中多氯联苯（总量）、水质分析方法标准的适用范围不含地下水的检测指标如六价铬、氰化物等，由各省级质量控制实验室自行统一有关分析方法标准是否用于详查项目分析测试。若使用，在检测实验室具备该方法标准 CMA 能力的情况下，由各省级质量控制实验室给予详查项目的暂时能力认可，其检测报告加盖实验室检验检测专用章、不盖 CMA 专用章；④实施 CMA 资质认定豁免的检测实验室、检测指标和分析测试方法由省级质量控制实验室汇总后，在向详查数据上报系统提交数据之前报全国详查办备案，对上述详查项目暂时能力认可检测指标的数据质量，各省（区、市）应加强质量监督检查。

2）检测实验室能力。检测实验室能力（人员、机器、物料、方法、环境等要素）与其承担的任务量是否匹配，检测实验室是否存在分包项目及分包是否符合要求。

（2）方法选择与验证

1）方法选择。检测实验室选用的分析方法是否优先选择《土壤环境质量 建设

① CMA 为实验室资质认定计量认证证书的简称。

用地土壤污染风险管控标准（试行）》（GB 36600—2018）或《地下水质量标准》（GB/T 14848—2017）推荐的分析方法，对于 GB 36600 和 GB/T 14848 中未给出推荐方法的，是否选用检验检测机构资质认定范围内的国际标准、区域标准、国家标准或行业标准方法；土壤样品分析方法检出限是否全部不高于 GB 36600—2018 第一类用地筛选值要求或相关评价标准限值要求；地下水样品分析方法检出限是否全部不高于 GB/T 14848—2017 地下水质量指标Ⅲ类限值要求或相关评价标准限值要求。

2）方法验证。在开展样品分析测试任务之前或实验室条件变更之后是否对选用分析方法标准进行了方法验证。方法特性参数是否包括方法检出限、测定下限、线性范围、精密度、正确度等。

（3）样品分析测试过程

企业用地调查样品分析测试具备“三多”的特点，即检测污染物种类多、分析方法多和样品分析测试过程环节多。实验室样品保存、样品制备（土壤）、前处理和仪器分析是样品分析测试关键环节，各环节质量控制要点与难点包括以下几个方面。

1）实验室样品保存。样品保存时间、保存容器材质、保存温度、保存剂等是该环节质量控制要点。一是须重点关注保存时限短的氰化物、VOCs 等样品，避免样品分析时间过期；二是防止交叉污染，除注意同一种环境介质中高低浓度样品间的相互影响外，更要注意区分土壤和地下水样品，保存时使其保存在不同空间或隔离保存，VOCs 样品保存区域应无有机物干扰，VOCs 标准样品和检测样品要与其他有机标准样品和检测样品分开，单独保存于专用冰箱中；三是由于地下水样品变化快、时效性强，应特别注意容器材质、保护剂添加等，如氟化物仅能选用聚乙烯瓶，石油类、挥发酚、半挥发性有机物（SVOCs）仅能用玻璃瓶等，重金属元素在水样采集后需加酸保存等。

2）土壤样品制备。土壤 pH、水分、有机质、重金属等检测指标需进行样品制备。土壤样品制备过程操作应规范、避免交叉污染、送检样品应全部粗磨过筛、重金属样品应过尼龙筛、细磨样品重量应满足检测要求、制样记录应清晰可追溯等是该环节质量控制要点。值得关注的是，企业用地调查土壤样品，有些是杂填土样，碎石块等非土壤样品会导致弃样率增大。土壤样品中 SVOCs 检测若采用冷冻干燥处理土壤样品，应重点关注是否对全部样品进行冷冻干燥研磨过筛（60 目）。

3）样品前处理。

①重金属前处理。土壤样品中重金属元素是总量分析，消解体系选择、消解温度、消解空白和消解是否完全是质量控制要点和难点，尤其对于消解体系的选择，重点关注 HJ 803—2016 使用王水消解体系与其他方法使用四酸消解体系不一样，在实验室间样品比对分析时，应关注方法等效性。此外，土壤样品中六价铬测定采用碱液提取-火焰原

子吸收光度法，该方法步骤烦琐，提取过程包含加热、搅拌、过滤、调节 pH 等过程，其中提取温度控制（低于 90℃提取不完全）、加热时间、搅拌速度等对六价铬的测定均有决定性影响，实际操作过程中应予以重视。

②有机污染物前处理。样品提取方法、提取溶剂和净化条件是有机污染物前处理分析质量控制要点与难点。土壤样品中有机污染物的提取方法一般采用加压流体萃取或索氏提取方式，提取溶剂应包含一定比例的丙酮。水样中有机污染物的提取方法一般采用液液萃取和固相萃取。液液萃取应关注萃取溶剂和萃取次数，萃取过程应注意乳化现象和水分的处理。固相萃取应关注固相萃取柱和洗脱溶剂的选择。

土壤中苯胺检测是企用地业调查较难分析的化合物，由于调查时缺少标准分析方法以及现行检测方法的缺点，增加了土壤样品提取的难度。国家环境分析测试中心研究了土壤中苯胺测定的分析方法，针对该化合物极性强的特点，优化后的前处理方法除对土壤样品先使用二氯甲烷和丙酮进行首次提取外，还增加了甲醇溶剂萃取的方式，提高了样品的回收率，满足了方法测试需求。

样品净化环节应关注净化柱类型和淋洗液选择是否能有效去除杂质，降低基质效应，满足目标化合物回收率要求。在方法验证、更换净化柱批次后须重新做淋洗曲线。须特别关注石油烃样品的测试，土壤样品必须经过净化，才能满足标准方法的要求。

4）仪器分析。样品进行仪器分析时，首先应确保使用仪器设备满足技术要求，仪器设备经过计量检定并在有效期内使用。校准曲线、仪器稳定性检查、定性定量分析是仪器分析时的质量控制要点和难点。

①校准曲线。采用校准曲线法进行定量分析时，一般应至少使用 6 个浓度梯度的标准溶液（包含 1 个空白点），覆盖被测样品的浓度范围，且最低点浓度应接近方法测定下限的水平。校准曲线相关系数一般要求为 $r>0.999$。

②仪器稳定性检查。连续进样分析时，每分析测试 20 个样品，应测定一次校准曲线中间浓度点，确认分析仪器校准曲线是否发生显著变化。一般来说，无机检测指标分析测试相对偏差应控制在 10%以内，有机检测指标分析测试相对偏差应控制在 20%以内。例如，对于六价铬的分析，连续多次进样后，应密切关注仪器火焰燃烧积盐引起的火焰状态变化，及时清洗燃烧头，避免基体效应的影响；而对于多环芳烃的分析，应及时关注沸点高的组分的相对偏差是否符合要求，样品量大时，持续进样分析时，系统容易受到污染，导致苯并[*b*]荧蒽、苯并[*k*]荧蒽和苯并[*a*]芘等化合物响应降低，这时应及时维护仪器，保持进样系统、色谱柱和离子源等系统清洁。对于 DDT① 易降解化合物，

① DDT 又叫滴滴涕，化学名为对氯苯基三氯乙烷。

在检查标准曲线中间浓度点时，应保证 DDT 的降解率≤15%。

③定性定量分析。化合物峰识别和定量积分要正确，特别是对组分较多的 VOCs 和 SVOCs 样品分析，避免定性定量错误。例如，对于 VOCs 样品，分析运输空白和全程序空白结果是否合理，在结果计算时不扣除空白结果，同时关注二氯甲烷、苯、甲苯等化合物的实验室本底值。对于石油烃的分析，要求检测的是 $C_{10}H_{22}$～$C_{40}H_{82}$ 总量，定量积分应该是从 $C_{10}H_{22}$ 开始到 $C_{40}H_{82}$ 结束，而不应该对出现的每个色谱峰分别积分再求和。

5）样品分析过程质量控制。

①实验室内部质量控制。内部质量控制样品插入、分析及结果评价是否满足要求：空白样品、定量校准、平行双样、标准物质样品/加标回收样品等内部质量控制样品应与调查样品同步分析，插入比例及结果评价应满足分析方法标准的要求，从样品称量开始、样品前处理至仪器分析全过程都应保持内部质量控制样与调查样品一致。

②实验室外部质量控制。核查密码平行样分析测试结果，以及是否对存在问题的密码平行样分析批次进行整改。

（4）上报数据审核

对数据的完整性、一致性、准确性、逻辑性、可比性和合理性审核是上报数据审核的质量控制要点。

如何评估各项操作对准确性影响程度以及对异常数据的判定是上报数据审核的质量控制难点。

1）完整性审核。检查上报数据是否存在漏报的现象。

2）一致性审核。检查检测报告数据与实验室上传系统数据及实验室原始记录是否一致，对可疑数据应与原始记录进行核对。

3）异常数据审核。异常值的判断和处理执行《数据的统计处理和解释正态样本离群值的判断和处理》（GB/T 4883—2008），当出现异常值时，应查找原因，原因不明的异常值不应随意剔除。对异常值重点审核分析方法、分析条件、数据有效位数、数据计算和处理过程、法定计量单位和质量控制数据等。

4）正确性审核。检查实验室内部各项操作是否规范，如是否按照标准要求的具体操作步骤进行样品分析（重点检查有机检测指标，如是否对样品进行净化，净化时洗脱溶剂比例是否正确，标准使用液是否在有效期内）；是否合理配制标准曲线；是否正确识别化合物；化合物积分方式是否正确；是否在保存期内进行样品分析；是否进行干物质折算等。

5）逻辑性、可比性和合理性审核。重点审核不同检测指标数据间的逻辑性、可比性和合理性，如同一监测点位，化合物浓度随采样深度变化是否合理，不同检测指标数据间逻辑关系，如六价铬浓度是否高于总铬浓度等（图 5-27）。

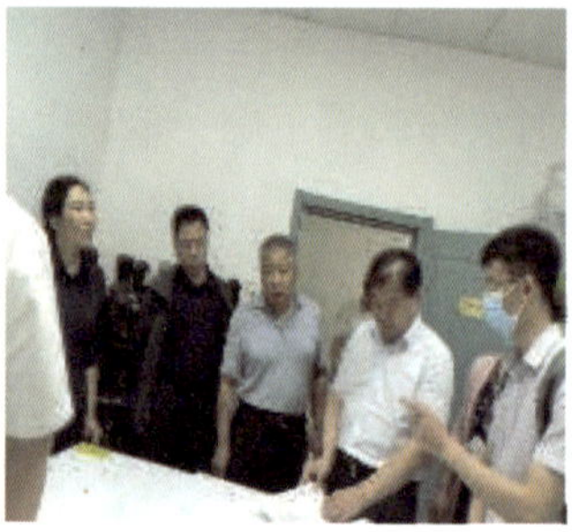

（a）仪器使用记录检查一

（b）原始记录检查

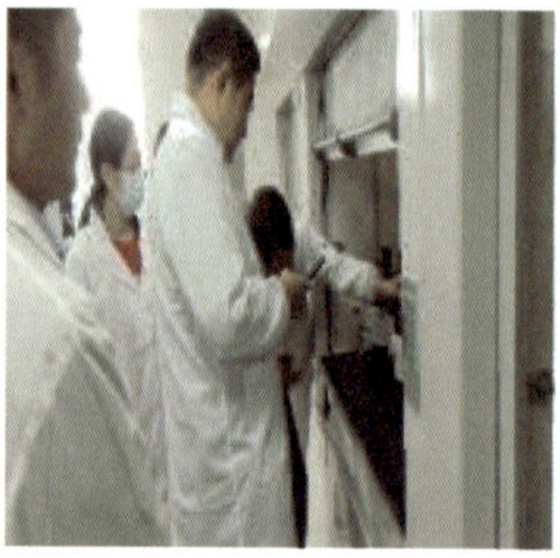

（c）试剂质量核查

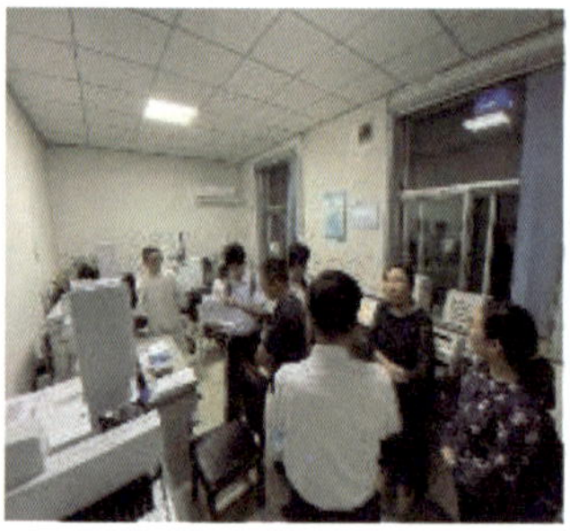

（d）仪器使用记录检查二

（e）仪器分析数据检查

（f）样品保存检查

图 5-27　检测实验室飞行检查

5.4.3.3　质量控制方式

实验室内部质量控制与实验室外部质量控制相结合，以实验室内部质量控制为主，强化实验室外部质量控制，检测实验室检查记录表见附录 2 附表 B-7。

实验室内部质量控制措施主要包括空白试验（全程序空白、运输空白、试剂空白等）、精密度试验（平行双样分析）和正确度试验（有证标准物质和加标回收试验）等。

实验室外部质量控制措施主要包括插入与调查样品同步采集的室内和室间密码平行样分析、留样复测、质量监督检查（飞行检查）等。

上报数据审核通过信息系统对数据实时预警、通过专家对检测报告和质量控制报告开展线上抽审以及实验室飞行检查，规范实验室分析测试数据上报和报告编制内容，监控实验室内外部质量控制合规性。

5.4.3.4　质量控制要求

（1）实验室内部质量控制要求

开展不少于 5%比例的空白试验、精密度试验（平行双样）、正确度试验（有证标准物质和加标回收率）。对于每个分析批次每个检测指标，空白样品检测结果一般应低于方法检出限，精密度试验结果合格率应达到 95%，正确度试验结果合格率应达到 100%。

（2）实验室外部质量控制要求

土壤样品和地下水样品室内密码平行样品累计检测合格率均应达到 90%，室间密码平行样品累计检测合格率均应达到 85%。

（3）质量监督检查（含飞行检查）要求

有质量监督检查工作方案，明确具体检查或指导内容，按照一定工作流程开展工作，进行现场交流反馈，撰写反馈意见，对被检查单位提供建设性建议。

（4）数据上报审核要求

任务承担单位内审、省级外审比例达到 100%、国家层面进行数据和报告抽审。

5.4.3.5　质量控制结果与评价

（1）实验室内部质量控制

将全国土壤 45 项检测指标、45 项检测指标之外的 21 项特征污染物和 19 项地下水中检测指标分成重金属和其他无机污染物、VOCs 和 SVOCs 三大类，总体评价全国各地的实验室内部质量控制结果。

1）空白试验结果统计分析。土壤 45 项检测指标中重金属和其他无机污染物、VOCs 和 SVOCs 的空白试验插入比例分别为 13.29%、16.59%和 11.28%，土壤中 45 项之外的 21 项特征污染物检测指标的空白试验插入比例分别为 15.83%、13.20%和 12.27%，19 项地下水检测指标的空白试验插入比例分别为 43.8%、38.1%和 36.7%，以上各项指标空白样插入比例均大于《质量控制技术规定》要求的 5%，空白试验的总体合格率均为 100%（图 5-28），满足质量控制要求。

2）精密度试验结果统计分析。土壤 45 项检测指标中重金属和其他无机污染物、VOCs 和 SVOCs 的平行双样插入比例分别为 13.32%、8.58%和 9.11%，土壤中 45 项之外的 21 项特征污染物检测指标的平行双样插入比例分别为 16.41%、12.01%和 11.33%，19 项地下水检测指标的平行双样插入比例分别为 34.42%、22.09%和 25.96%，以上各项指标平行样插入比例均大于《质量控制技术规定》要求的 5%，平行双样的总体合格率均为 100%（图 5-29），满足质量控制要求。

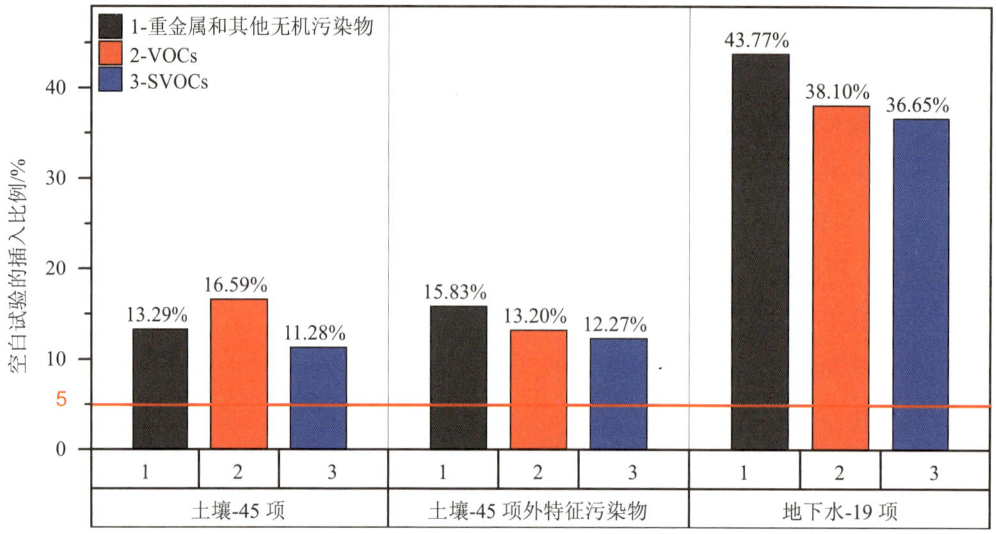

图 5-28　土壤和地下水检测指标的空白样品插入比例

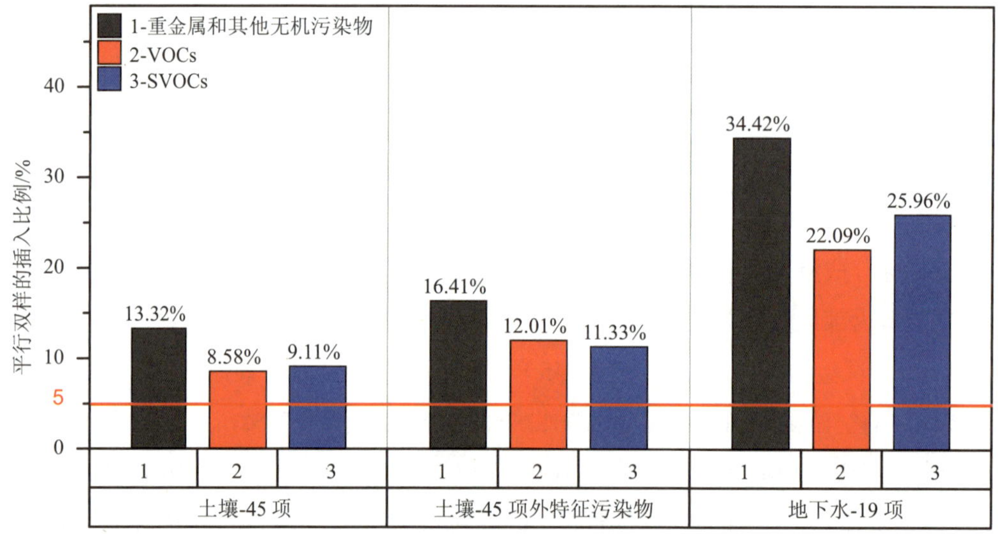

图 5-29　土壤和地下水检测指标的平行双样插入比例

3）正确度试验结果统计分析。正确度试验包括标准物质和加标回收两种方式，对于重金属和其他无机污染物，主要采用插入标准物质检测；对于 VOCs 和 SVOCs，主要采用加标回收检测。土壤 45 项检测指标中重金属和其他无机污染物、VOCs 和 SVOCs 正确度试验的插入比例分别为 14.90%、17.36%和 15.65%，土壤中 45 项之外的 21 项特征污染物检测指标的正确度试验插入比例分别为 16.55%、14.78%和 17.64%，19 项地下水检测指标的正确度试验插入比例分别为 42.97%、31.76%和 39.48%，以上各项指标标准物质或加标回收插入比例均大于《质量控制技术规定》要求的 5%，正确度试验的总体合格率均为 100%（图 5-30），满足质量控制要求。

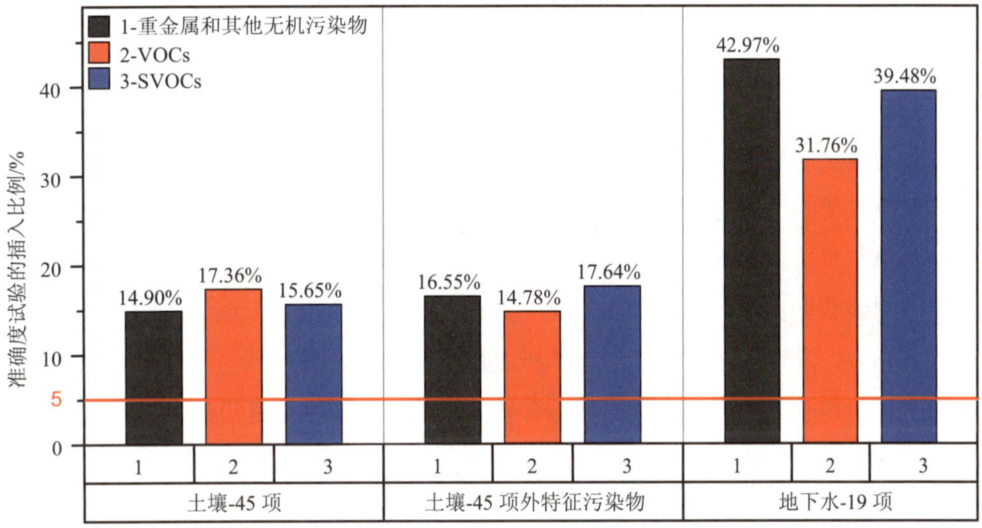

图 5-30　土壤中 45 项检测指标的标准物质插入比例

4）实验室内部质量控制综合评价。参与全国各地企业用地调查的检测实验室能够严格按照质量控制和分析方法标准的要求，开展实验室内部质量控制工作，实现了实验室分析内部质量控制措施的全覆盖。土壤和地下水样品空白、精密度和正确度统计分析结果表明，以上各项指标插入比例均大于《质量控制技术规定》要求的 5%，总体合格率均为 100%，满足质量控制要求，质量控制措施执行到位，数据质量能够得到保证。

（2）实验室外部质量控制

1）密码平行样结果统计分析。全国土壤样品的室内和室间密码平行样的合格率分别为 99.3%和 98.9%，地下水样品的室内和室间密码平行样的合格率分别为 99.5%和 99.0%。室内和室间密码平行样合格率分别达到质量控制 90%和 85%的要求。

2）实验室外部质量控制综合评价。全国企业用地调查严格按照《质量控制技术规定》的要求开展实验室外部质量控制工作，土壤和地下水的室内和室间密码平行样合格率均高于《质量控制技术规定》90%和 85%的要求，取得了良好的质量控制效果，有效保障了实验室分析测试数据的质量。

（3）上报数据审核

1）检测实验室内审。各检测实验室对出具的检测报告和质量控制报告均进行了三级审核，对在资质认定能力范围内的检测指标出具的检测报告均加盖 CMA 章，所有检测数据经实验室内三级审核合格后上报系统。

2）省级外审。各省（区、市）对信息系统实时预警数据及不符合企业用地技术规范要求的数据进行了审核，不合格数据均已完成整改复核工作，所有数据均由省级相关单位审核合格后入库。

3）国家级抽审。

①数据报告抽审。在实验室上报数据过程中，国家层面分两轮次总计抽审了 189 家检测实验室提交的检测报告和质量控制报告，共审核发现了 29 个典型问题和 2 个其他问题。审核发现的上述问题均在第一时间反馈给各省（区、市）相关单位，并由各省级质量控制单位负责跟踪对责任实验室的问题整改闭环。

②国家级数据审核。国家层面组织开展了两轮次检测实验室飞行检查，共抽查了 47 家检测实验室，发现了严重质量问题和一般质量问题各 4 类。

严重质量问题：a. 未严格执行标准分析方法的要求或执行有错误，可能影响实验室检测结果和上报数据的有效性；b. 未严格开展实验室内部质量控制，导致实验室检测结果及上报数据的有效性存疑；c. 数据处理方式不合理；d. 实验室上报数据与实验室留存原始记录、仪器原始数据之间存在不一致。

一般质量问题：a. 检测实验室质量管理体系不健全；b. 方法验证不规范；c. 样品制备与保存不规范；d. 原始记录信息不完整或有错误。

对于严重质量问题，由各省级质量控制单位对检测结果进行评估，并根据评估结果对数据存疑的地块采取了包括重采重测在内的纠正和整改措施。对于一般质量问题，由各检测实验室自查并逐一整改，并对出具的检测结果进行了核查。

5.4.3.6 实践中常见问题

（1）定量结果不准确

对某实验室飞行检查时发现，重金属检测定量校准曲线采用二次曲线拟合的方式，而非线性拟合，导致定量结果出现偏差（图 5-31）。在另外一家实验室多环芳烃样品的仪器分析检查中发现，对化合物定量峰识别错误，导致定量结果不准确。

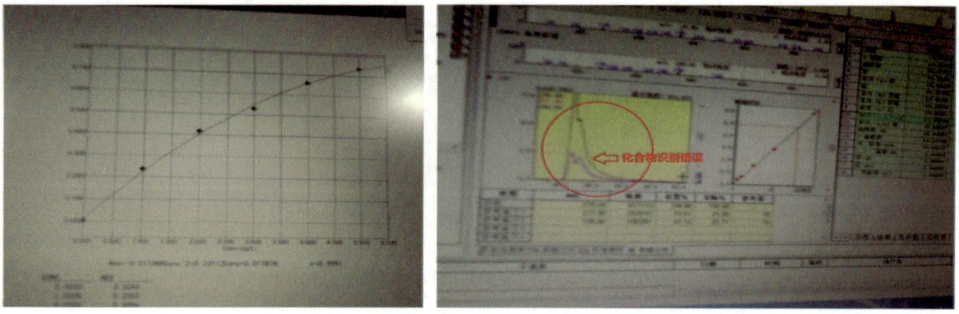

图 5-31 二次曲线拟合导致定量结果错误示例

（2）原始记录关键信息缺失

对某实验室飞行检查时发现，检测原始记录关键信息缺失。在对水质石油烃检测原始记录检查中发现，前处理过程表述过于简单，缺少使用萃取溶剂体积、萃取次数、净化过程等关键过程的详细表述，无法再现检测过程（图 5-32）。

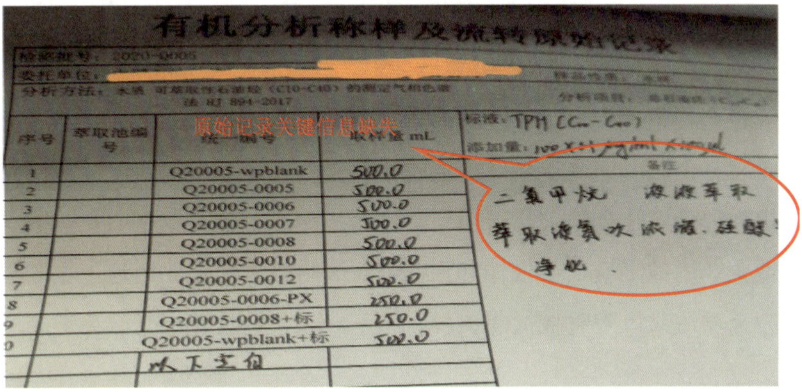

图 5-32　原始记录关键信息缺失示例

（3）质量控制结果无评价

如图 5-33 所示，在某地块质量控制报告审核中发现对质量控制指标检测结果（如空白、平行双样、空白加标、有证标物）是否合格无结果评价，平行双样未计算相对偏差，缺少基质加标回收结果，仅有空白加标结果，其中苊烯缺少空白加标回收数据。

监测项目	空白/（mg/L）	平行双样/（mg/L）		空白加标		
		[redacted]	[redacted] 平行	加标量/μg	加标样测定值/（μg/L）	加标回收率/%
萘	ND	ND	ND	0.02	0.039	98.3
苊	ND	ND	ND	0.02	0.039	98.0
芴	ND	ND	ND	0.02	0.038	94.1
菲	ND	ND	ND	0.02	0.039	97.5
蒽	ND	ND	ND	0.02	0.040	98.8
荧蒽	ND	ND	ND	0.02	0.031	78.0
芘	ND	ND	ND	0.02	0.038	94.1
苯并[*a*]蒽	ND	ND	ND	0.02	0.039	97.2
䓛	ND	ND	ND	0.02	0.039	97.2
苯并[*b*]荧蒽	ND	ND	ND	0.02	0.041	103
苯并[*k*]荧蒽	ND	ND	ND	0.02	0.042	106
苯并[*a*]芘	ND	ND	ND	0.02	0.041	104
二苯并[*ah*]蒽	ND	ND	ND	0.02	0.045	113
苯并[*g,h,i*]苝	ND	ND	ND	0.02	0.041	104
茚并[123-*cd*]芘	ND	ND	ND	0.02	0.046	115
苊烯	ND	ND	ND	0.02	/	/

注：ND 表示未检出。

图 5-33　质量控制指标检测结果无评价示例

（4）上报数据不符合逻辑

如图 5-34 所示，某地块土壤样品上报 pH 数值为 ND，不符合逻辑。

pH	XXQ-302	ND	pH 单位		2019-12-18

图 5-34 上报数据不符合逻辑示例

5.5 成果集成

成果集成是企业用地调查成果总结阶段，具有总结内容多、成果形式多样、专业性强等特点。通过对企业用地调查基础信息收集、采样检测数据、风险分级结果等数据的基本统计分析与评价，结合相关背景资料，进一步深入分析与挖掘数据内在关联，总结全国和区域性企业用地土壤污染规律和风险特征，明确未来企业用地土壤和地下水污染防治重点，为土壤污染风险管控提供支撑。

5.5.1 质量目标

确保成果集成数据完整准确、数据统计分析科学合理、调查成果全面、真实、准确。

5.5.2 质量控制要点与难点

成果集成材料的完整齐全、成果集成数据和信息的全面准确、重要成果结论的科学合理。

成果集成材料完整性审核。核查各省（区、市）上报成果材料是否完整齐全。若形式审查不通过，则需补充提交缺失的材料。

成果集成数据全面准确性审核。是否全面准确识别各地企业用地调查各环节异常数据，整改复核结果是否合理（图 5-35）。

（a）国家级成果集成现场调研指导

（b）国家级成果集成交流研讨

（c）国家级成果集成数据处理　　（d）省级成果集成现场调研指导

图 5-35　成果集成质量审核

5.5.3　质量控制方式

通过大数据比对和组织专家采取形式审查、上机审查、会议审查等方式，对省级提交的所有调查对象的空间信息、基础信息、风险筛查结果、采样检测数据等各类调查数据开展审核工作。

5.5.4　质量控制要求

任务承担单位内审、省级外审比例达到 100%，国家层面进行数据和报告抽审。

5.5.5　质量控制结果与评价

（1）省级审核

根据国家详查办下发的《重点行业企业用地调查成果集成数据审核工作手册》，各省在成果集成前均开展了数据审核工作，对企业用地调查各环节数据进行一致性、准确性、合理性和全面性审核。

（2）国家级审核

国家层面对各省（区、市）上报的成果进行了审核，对审核中发现的问题及时反馈给地方进行整改。各省（区、市）按期完成省级重点行业企业用地土壤污染状况调查成果材料报送，材料完整齐全，实现了数据统计分析的科学合理、调查成果的全面准确。

5.5.6 实践中常见问题

（1）超标地块调整理由不合理

根据企业用地调查成果集成系统判定结果，某地块地下水中铅最大检出质量浓度为0.013 3 mg/L，超过《地下水质量标准》（GB/T 14848—2017）Ⅲ类标准限值（铅的Ⅲ类标准限值为 0.01 mg/L），属于超标地块。经地方复核后，地方将该地块调整为非超标地块，调整理由：该地块地下水不作为饮用水，超标评价采用《地下水质量标准》（GB/T 14848—2017）Ⅳ类标准限值，因此不属于超标地块。

调整理由不合理原因：企业用地调查对于超标地块的判定依据为土壤中任一污染物或地下水中任一特征污染物超过评价标准即判定为超标地块。土壤评价标准采用《土壤环境质量　建设用地土壤污染风险管控标准（试行）》（GB 36600—2018）。原则上，在产企业地块按第二类用地筛选值，关闭搬迁企业地块（不考虑规划用途）按第一类用地筛选值进行评价。地下水评价标准采用《地下水质量标准》（GB/T 14848—2017）的Ⅲ类水标准限值，仅考虑特征污染物和 pH。该地块未提供场地规划利用性质和地下水用途，未明确铅是否为地块特征污染物，仅因地下水不作为饮用水，而采用《地下水质量标准》（GB/T 14848—2017）Ⅳ类标准限值进行评价，并调整出超标地块，调整理由不充分。

（2）地块风险等级调整不合理

根据企业用地调查成果集成系统判定结果，某地块生产活动超过 30 年，符合“地块为中度关注地块，工业利用时间大于等于 30 年，或已有基础信息表明土壤或地下水曾受到过污染，或该企业生产过程中发生过化学品泄漏或环境污染事件”潜在高风险地块判定规则，该地块被判定为潜在高风险地块。地方复核过程中，将其调整为潜在中风险地块，调整理由：虽然企业生产活动超过 30 年，但企业生产工艺简单、设备齐全、环保措施规范、活动造成污染的情形较低，定为中风险。按照《重点行业企业用地土壤污染状况调查风险等级判定规则》，对于工业利用时间大于等于 30 年的中度关注地块，其风险等级应判定为潜在高风险地块。

第 6 章　土壤详查成果质量分析方法探索

调查成果质量分析是评价土壤环境调查工作技术水平与质量管理水平、总结工作经验与不足的重要手段和依据，有助于决策者判断质量管理方案是否科学严谨、质量控制参数设置是否合理有效、调查结果是否客观可靠。对土壤详查成果进行质量分析是一次新的尝试。本章主要从方法原理、评价过程、结果分析等方面对农用地详查和企业用地调查成果质量分析方法进行了介绍，希望能为后续开展的土壤环境调查工作提供借鉴和参考。

6.1　农用地详查质量分析方法

为有效评价农用地详查全过程质量管理成效，分别从正确度评价、精密度评价、可靠性评价等方面对各核心指标的总体质量进行了定量评估，并以此为依据，从样本代表性、数据优秀率、数据可靠性、分类可靠性等方面对总体质量控制水平进行评价。

6.1.1　调查数据成果质量分析方法

6.1.1.1　正确度评价

通过统一监控样指定值与总测定均值的偏倚评估分析测试数据的正确度，其中指定值为研制单位给定的特性量值，总测定均值为全国各检测实验室测定结果的中位数。同时计算各检测实验室实际测量结果与总测定均值的相对偏倚，按经典统计方法和稳健统计方法对数据进行统计，以 95%置信度下的相对偏倚作为各批次统一监控样在当前国内技术可达水平下的推荐质量控制要求，并将各批次统一监控样推荐质量控制要求的 95%分位值向后以 5 或 10 取整后作为质量控制要求的推荐值。以 100%全部合格入库质量控制数据计算出推荐的质量控制要求下的数据优秀率，可为今后类似土壤调查的质量控制参数设置提供参考。

（1）理论基础

正确度在不同文献中的表述略有不同，《通用计量术语及定义》（JJF 1001—2011）中将测量正确度定义为无穷多次重复测量所得量值的平均值与一个参考量值之间的一致程度。正确度与系统误差有关，程度可以用偏倚来衡量。在实际工作中，通常用标准物质、基准方法或加标回收率试验进行评估。

正确度评价过程也可以看作通过实验设计计算偏倚的过程。偏倚又称测量偏移，指系统测量误差的估计值，分为绝对偏倚和相对偏倚。以有证标准物质评价正确度时，偏倚可以按下式进行计算：

$$b = \bar{x} - x_{\text{crm}} \tag{6-1}$$

$$b\% = \frac{b}{x_{\text{crm}}} \times 100\% \tag{6-2}$$

式中：b —— 绝对偏倚；

$\bar{x}$ —— 重复测量总均值；

x_{crm} —— 有证标准物质的标准值；

$b\%$ —— 相对偏倚，%。

正态分布也称常态分布，是一个在数学、物理及工程等领域都非常重要的概率分布。若随机变量 x 服从一个数学期望为μ、方差为σ^2 的正态分布，记为 N（μ，σ^2），则当$\mu = 0$ 且$\sigma = 1$ 时的正态分布是标准正态分布。正态分位数又称百分位点，若概率 $0<p<1$，随机变量 x 的概率分布的分位数 u_α是指满足条件 p（$x>u_\alpha$）$=\alpha$的实数。标准正态分位数可通过正态分位数表获得，当置信度为 95%时，通过查表得到上侧（α=0.05）和双侧（α=0.025）分位数分别为 1.645 和 1.96。对于正态分布 N（μ，σ^2），其分位数可由式（6-3）计算得到：

$$u_\alpha = \frac{U_\alpha - \mu}{\sigma} \tag{6-3}$$

式中：U_α —— 正态分布 N（μ，σ^2）的分位数；

μ —— 数学期望；

σ —— 标准差；

u_α —— 标准正态分布的分位数。

实际工作中，所获得的数据分布可能与正态分布略有偏离；或在大量的观测数据中存在受到过失误差影响的“异常数据”。在这种情况下，如果所用统计方法的性能仅受到少许影响，就称它具有稳健性，即稳健统计。常用的稳健统计方法有四分位数稳健统计法，其最核心的统计参数为中位数（M）和标准四分位间距（NIQR，0.7413×IQR），分别用于评估样本总体的均值和分散程度。稳健统计结果可以用 z 比分数来评价，计算方法如式（6-4）所示。当 z 的绝对值不超过 2 时，表示实验结果满意，考虑到正态分布中有约 95%的值位于 2 倍标准偏差以内，因此可认为结果满足 95%的置信度。

$$z=\frac{A-M}{\text{NIQR}} \tag{6-4}$$

式中：z —— z 比分数；

A —— 测定值；

M —— 中位数；

NIQR —— 标准四分位间距。

（2）评价过程与结果

正确度水平可以通过统一监控样指定值与总测定均值的偏倚进行评估。同时，基于质量控制大数据，进一步获得在当前可达技术水平下的推荐质量控制要求。在入库质量控制数据 100%合格的基础上，将同时满足推荐质量控制要求的数据视为优秀数据，并获得符合推荐质量控制要求的优秀数据率。

具体评价过程如下：

1）使用 t 检验验证统一监控样指定值与总测定均值是否存在显著差异。

2）利用式（6-2）计算各实验室统一监控样实际测定结果与总测定均值的相对偏倚 b%。

3）利用经典统计方法和稳健统计方法对步骤 2）的计算结果进行数据统计，计算当前可达技术水平下的推荐质量控制值，即在 95%置信度下，利用式（6-3）计算 $U_{0.025}$；或在 95%置信度下，利用式（6-4）计算 z 比分数为 2 时的 A 值。

4）将两种统计方法计算的推荐质量控制要求的 95%分位值向后以 5 或 10 取整后作为推荐的质量控制要求。95%分位值可通过 Excel 软件的 PERCENTILE.EXC 函数或 R 语言的 quantile 函数等方法计算。

5）统计满足推荐质量控制要求的数据量，并计算优秀率。

以土壤中总镉为例，表 6-1 为统一监控样的推荐质量控制要求及入库数据优秀率。土壤详查共制备土壤中镉统一监控样 32 批，指定值与总测定均值的偏倚为−6.1%～8.2%，推荐质量控制要求为 15%，优于入库质量控制要求，优秀数据比例为 95.7%。

表 6-1 土壤中总镉统一监控样推荐质量控制要求及数据优秀率

统一监控样	偏倚/%	合格率/%	入库质量控制要求（偏差）/%	推荐质量控制值/%		推荐质量控制值/%	优秀率/%
				经典统计法	稳健统计法		
镉 1	−6.1	100	35.0	15.7	14.8	15	95.7
镉 2	0.8		35.0	14.7	9.4		
镉 3	2.7		35.0	12.4	10.4		
镉 4	0.7		35.0	15.3	13.1		
镉 5	−0.1		35.0	13.3	15.4		
镉 6	−1.7		35.0	13.6	11.8		
镉 7	−0.8		35.0	14.5	12.5		
镉 8	1.7		35.0	13.2	11.2		
镉 9	−2.1		35.0	11.8	12.3		
镉 10	0.2		35.0	12.5	12.4		
镉 11	−4.2		35.0	11.7	12.7		
镉 12	−1.4		35.0	15.0	13.7		
镉 13	2.2		35.0	13.6	15.7		
镉 14	0.9		35.0	15.3	17.7		
镉 15	−2.2		35.0	13.6	12.5		
镉 16	0.7		35.0	14.0	14.8		
镉 17	1.0		30.0	13.0	11.0		
镉 18	−0.5		30.0	11.9	10.3		
镉 19	−2.2		30.0	10.1	9.7		
镉 20	0.6		30.0	10.5	8.4		
镉 21	2.2		30.0	15.7	12.8		
镉 22	1.3		30.0	13.1	11.4		
镉 23	5.4		30.0	12.9	10.4		
镉 24	−2.6		30.0	12.1	11.0		
镉 25	−3.2		30.0	12.0	9.6		
镉 26	−3.8		30.0	12.2	8.5		
镉 27	−0.5		30.0	12.3	13.8		
镉 28	6.0		30.0	10.9	10.3		
镉 29	8.2		30.0	13.3	10.4		
镉 30	1.1		30.0	10.4	9.8		
镉 31	3.0		30.0	9.1	10.3		
镉 32	4.0		30.0	9.4	9.4		

6.1.1.2　精密度评价

在农用地详查过程中，按土壤理化性质、重金属指标以及有机物指标分别插入不同比例（2%～5%）的室内密码平行样和室间密码平行样，贯穿于采样、制样、流转、保存、检测的全过程。通过密码平行样的相对偏差评估分析测试数据的精密度，获得不同含量范围的偏差分布，以接近 95%的数据满足要求为原则，按含量分布给出当前国内技术可达水平下的质量控制要求的推荐值，并以 100%全部合格入库质量控制数据计算出推荐质量控制要求下的数据优秀率，可为今后类似土壤调查的质量控制参数设置提供参考。

（1）理论基础

精密度是保证准确度的先决条件，《通用计量术语及定义》（JJF 1001—2011）中将精密度定义为：在规定条件下，对同一或类似被测对象重复测量所得示值或测得值间的一致程度。精密度通常以偏差、标准偏差、方差等指标来表征，可以反映测量过程随机误差的大小。在环境监测领域，精密度往往与被测物质的含量有关，因此在表征精密度时，须指明被测物质的量值。

偏差用来衡量单项测定结果对平均值的偏离程度，可分为绝对偏差和相对偏差。绝对偏差指测定值与平均值之差；而相对偏差指测量的绝对偏差占平均值的百分比。在平行双样分析中，相对偏差可按式（6-5）计算：

$$\mathrm{RD}=\frac{|A-B|}{A+B}\times 100\% \tag{6-5}$$

式中：RD —— 相对偏差，%；

A、B —— 平行双样的测定值。

数据透视表是以 Excel 为界面的一种可以快速汇总大量数据的交互式数据处理工具，可用于数值数据的深入分析。数据透视表具有操作简单、易上手的优点，也可以使用 Python 或 R 语言等处理大量统计数据。

（2）评价过程与结果

农用地详查数据的精密度水平主要通过室内密码平行样、室间密码平行样分析测试的相对偏差进行评估。同时，基于质量控制大数据，获得室内密码平行样和室间密码平行样不同含量范围的偏差分布，并以此为依据进一步获得在当前可达技术水平下的推荐质量控制要求。在入库质量控制数据 100%合格的基础上，将同时满足推荐质量控制要求的数据视为优秀数据，并获得符合推荐质量控制要求的优秀数据率。

具体评价过程如下：

1）利用式（6-5）计算室内密码平行样、室间密码平行样的相对偏差 RD。对于检测结果为“未检出”的数据，在计算时按分析测试方法检出限的一半处理。

2）利用 Excel 软件的数据透视表对农用地详查原始数据进行加工处理，获得各类样品及检测指标的室内密码平行样、室间密码平行样在不同含量范围的偏差分布。

3）根据偏差分布，以接近 95%的数据满足要求为原则，按含量区间给出推荐质量控制要求的推荐值。

4）统计满足推荐质量控制要求的数据量，并计算优秀率。

以土壤中总铬为例，数据透视表计算出的表层土壤中总铬室内密码平行样测定的偏差分布见表 6-2，不同含量水平室内密码平行样和室间密码平行样测定的相对偏差分布见图 6-1。根据偏差分布，按含量分布给出推荐质量控制要求的推荐值，即当含量不超过 50 mg/kg 时，相对偏差的质量控制推荐值为不超过 10%；当含量超过 50 mg/kg 时，相对偏差的质量控制推荐值为不超过 7.5%。土壤中总铬密码平行样推荐质量控制要求及数据优秀率见表 6-3，不同含量水平的总铬室内密码平行样相对偏差为 5%～10%，室间密码平行样相对偏差为 15%～30%。在推荐质量控制水平下，室内密码平行样和室间密码平行样优秀率分别为 95.5%和 97.1%。

表 6-2 土壤中总铬室内密码平行样相对偏差分布

含量水平/(mg/kg)	相对偏差分布/%							
	≤5	(5，7.5]	(7.5，10]	(10，15]	(15，20]	(20，30]	(30，100]	总计
≤10	71.76	10.59	7.06	4.71	3.53	2.35	0.00	100
(10，50]	82.24	8.45	2.99	3.07	1.58	1.20	0.47	100
(50，100]	90.60	5.29	1.80	1.15	0.63	0.29	0.25	100
(100，200]	91.71	4.10	1.79	0.92	0.36	0.56	0.56	100
(200，500]	88.61	7.20	3.69	0.34	0.00	0.00	0.17	100
＞500	85.71	12.70	1.59	0.00	0.00	0.00	0.00	100
总计	89.11	5.81	2.11	1.42	0.74	0.48	0.33	100

表 6-3　土壤中总铬密码平行样推荐质量控制要求及数据优秀率

土壤类型		入库要求		合格率/%	推荐值		优秀率/%	
		含量水平/（mg/kg）	相对偏差/%		含量水平/（mg/kg）	相对偏差/%		
室内密码平行样	表层土壤	≤50 （50，90] >90	20 15 10	100	≤50 >50	10 7.5	95.4	95.5
	深层土壤	≤50 （50，90] >90	20 15 10	100	≤50 >50	10 5	96.4	
室间密码平行样	表层土壤	≤50 （50，90] >90	25 20 15	100	≤10 >10	30 20	97.3	97.1
	深层土壤	≤50 （50，90] >90	25 20 15	100	≤50 >50	20 15	95.9	

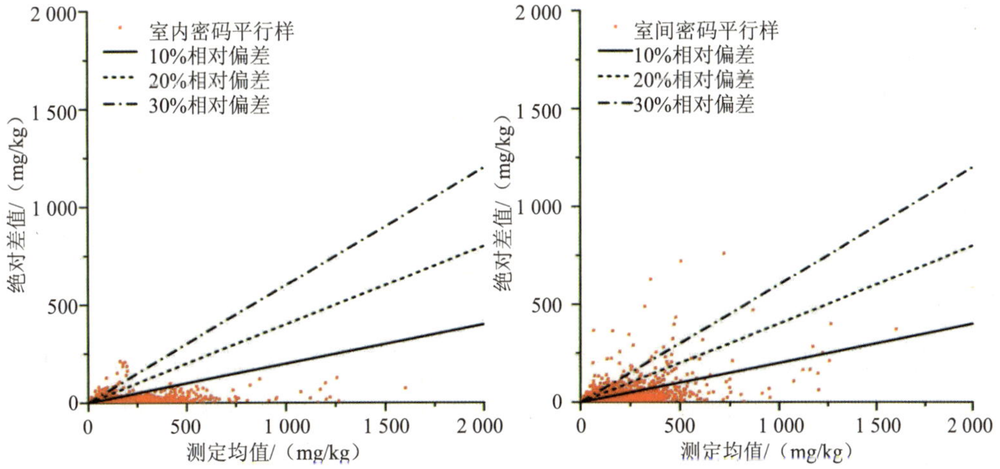

图 6-1　土壤中总铬室内和室间密码平行样测定的相对偏差分布

6.1.1.3　可靠性评价

以分析测试数据的不确定性（以下简称数据不确定性）和调查点位土壤环境类别划分的不确定性（以下简称分类不确定性）来评估农用地详查结果的可靠性。其中，数据不确定性采用方差分析方法进行表征，分类不确定性则通过密码平行样出现的土壤类别分类差异的数据比例进行估算。

（1）理论基础

数据不确定性指在满足农用地详查质量控制要求的情况下，由于样品在制备、流转以及分析测试过程中的不确定性而导致的数据结果的不确定性，即重新进行调查而获得相同结果的可能性。数据不确定性可以用来评价数据是否会对区域分布的结果产生显著的影响，判断数据是否适用于调查图件的制作。按欧洲农用地和牧草地地球化学调查（GEMAS）的相关方法，技术过程引入的数据不确定性可用嵌套方差分析技术计算的方差分量进行表征。

嵌套方差分析（Nested ANOVA）是针对嵌套试验设计进行方差计算的一种方法。在嵌套试验设计中，各研究因素及其水平不是全面组合的，而是按其隶属关系系统分组，各因素水平间没有交叉。也就是说，各研究因素的影响有主次之分，而次要因素的各个水平是嵌套在主要因素水平下的，因而在统计分析时不能分析它们之间的交互作用。以密码平行样为例，每一组密码平行样都隶属于一个特定的采样点位，不同区域的密码平行样分析测试结果间没有交互关系，即实验室内影响因素和实验室间影响因素是嵌套在区域因素中的。嵌套方差分析一般通过统计软件实现，如 R 语言、SPSS、MINTAB、SAS 等。

分类不确定性指在满足农用地详查质量控制要求的情况下，由于数据的不确定性导致农用地土壤环境质量类别判定时的分类不确定性，即对同一点位重新进行调查获得相同分类结果的可能性。分类不确定性是构成详查单元类别划分不确定性的重要来源，由土壤污染物的含量分布差异和数据获得过程的不确定性共同决定。这类不确定性与土壤性质、含量分布差异以及各环节技术方法有关，在既有技术水平下不可避免。

（2）评价过程与结果

数据不确定性。采用嵌套方差分析技术对不同来源的方差分量贡献进行表征以评估数据不确定性。按嵌套试验设计的分组原则，分析测试数据按区域分组，即每组平行数据对应的采样点位视为一个独立的区域，实验室内、实验室间影响因素嵌套于区域分布因素中。利用 MINTAB 软件的 Fully Nested ANOVA 计算模型对密码平行样分析测试数据的方差进行计算，并根据方差分量评估数据不确定性。

分类不确定性。通过密码平行样导致土壤环境类别分类差异的数据比例来评估数据的分类不确定性，并按推荐质量控制要求分别进行汇总。即利用数据透视表对区域调查数据库导出的原始数据进行加工处理，按样品类型、推荐质量控制要求及各指标土壤环境类别划分规则设置筛选条件，获得各类筛选条件下的数据比例。

农用地详查各核心指标数据不确定性和分类不确定性分析结果参见 6.1.2 节相关内容。

6.1.2　农用地详查质量控制水平评价方法

6.1.2.1　样本代表性

所有评估均基于该农用地详查产生的数据，统计方法功效分析（Power Analysis）表明样本量具有很好的代表性。

统计功效（Power）是指在假设检验中拒绝错误的零假设（H_0）后，接受备择假设（H_1）的概率。以 $1-\beta$ 表示，其值越大，说明犯第二型错误的概率越小。功效分析是方法设计阶段的一项重要内容，旨在确定指定显著性条件下方法所需要的样本量并评估方法设计的统计功效。即可以给出所需的最小样本量，以及在现有的样本量下结论的可靠性，Power 值越大，说明研究结果越可靠。影响 Power 值大小的因素有样本量、效应量和显著性水平α。常使用统计软件进行功效分析，常用的软件包括 *G** Power、R 语言、SAS、PASS 等。

6.1.2.2　数据优秀率

农用地详查核心指标的外部质量控制数据最终合格率为 100%。按推荐质量控制要求进行评估，获得各指标的数据优秀率（表 6-4）。总体上看，本次农用地详查的数据质量很高，除土壤中苯并[*a*]芘和农产品中总铬外，核心指标的数据优秀率均超过 90%，且大部分在 95%以上。由于苯并[*a*]芘在土壤中的含量较低，低于定量限或分布在定量限附近的数据比例较高，导致以密码平行样测定相对偏差表征的推荐质量控制要求很难在 95%的水平下进行优化，当以 30%作为质量控制限值时，室内密码平行样、室间密码平行样的数据优秀率分别为 87.5%、59.2%。对于农产品中总铬，其数据优秀率相比其他指标略低，可能与其分析测试结果易受机器制样污染等因素的影响有关。

表 6-4　核心评价指标的数据优秀率

样品类型	检测指标	优秀率/%		
		统一监控样	室内密码平行样	室间密码平行样
土壤	pH	95.3	97.3	96.3
	总镉	95.5	96.0	97.0
	总汞	96.0	96.7	96.4

样品类型	检测指标	优秀率/%		
		统一监控样	室内密码平行样	室间密码平行样
土壤	总砷	93.5	97.8	97.1
	总铅	93.6	95.7	97.4
	总铬	95.4	95.5	97.1
	总铜	96.1	97.1	97.4
	总镍	95.5	96.4	97.4
	总锌	92.5	95.2	96.4
	可提取态镉	93.5	97.2	96.8
	苯并[*a*]芘	93.7	87.5	59.2
农产品	总镉	94.1	98.4	99.3
	总汞	95.2	98.7	97.1
	总砷	91.1	93.5	94.1
	总铅	94.0	92.7	95.7
	总铬	87.8	91.8	85.0

6.1.2.3 数据可靠性

采用嵌套方差分析技术对农用地详查样品不同来源的方差分量贡献进行计算，结果如表 6-5 所示。除苯并[*a*]芘的方差分析涵盖了采样环节外，其余指标技术环节引入的方差均只包含制样和实验室分析过程。一般而言，技术过程引入的方差应低于总体方差的 20%，否则难以描述不同样品之间的差异。从结果来看，实验室内和实验室间因素对土壤 pH 和各无机指标分析测试结果引入的方差分量合计为 0.40%～3.74%，对农产品指标引入的方差分量合计为 1.44%～16.4%，均不超过 20%，说明详查数据的可靠性较高。

表 6-5 核心评价指标嵌套方差分量分析结果

样品类型	检测指标	方差分量/%		
		区域	室内	室间
土壤	pH	99.05	0.14	0.81
	总镉	99.40	0.16	0.48
	总汞	99.06	0.80	0.14
	总砷	98.59	0.21	1.20
	总铅	99.60	0.14	0.26

样品类型	检测指标	方差分量/%		
		区域	室内	室间
土壤	总铬	96.26	0.53	3.21
	总铜	98.99	0.30	0.71
	总镍	98.78	0.35	0.88
	总锌	99.47	0.19	0.34
	可提取态镉	97.35	0.29	2.36
	苯并[*a*]芘	90.34	9.66	—
农产品	总镉	98.56	0.29	1.15
	总汞	83.65	3.53	12.8
	总砷	93.35	1.20	5.45
	总铅	97.58	0.33	2.10
	总铬	90.25	2.19	7.57

对于苯并[*a*]芘，如果考虑实验室间影响因素，其方差分量将大于区域分布引入的方差分量，这可能与部分样品含量过低造成的实验室间数据一致性较低有关，因此不同实验室分析过程对各因素方差分量的影响尚需进一步评估。当只考虑实验室内影响因素时，其方差分量为 9.66%。以上结果表明在当前技术水平下，使用不同实验室获得的苯并[*a*]芘数据在成图时误差较大，在绘制含量分布图时，应尽量使用同一实验室的数据。此外，农产品中总汞的数据不确定性比其他指标相对偏高，可能是由于农产品中汞的含量水平接近方法检出限值，造成分析测试等技术过程引入的方差分量较大。

6.1.2.4　分类可靠性

在农用地详查过程中，由于部分地区土壤或农产品样品的含量水平恰好处在评价标准附近，导致土壤环境类别划分过程存在一定的不确定性（表 6-6），即使在满足质量控制要求的前提下，这种不确定性依然存在。

表 6-6　核心评价指标分类不确定性评价结果

样品类型	检测指标	分类不确定性/%	
		室内	室间
土壤	pH	2.2	7.3
	总镉	5.5	10.3
	总汞	1.3	2.2

样品类型	检测指标	分类不确定性/%	
		室内	室间
土壤	总砷	2.4	6.0
	总铅	2.1	4.6
	总铬	1.6	4.3
	总铜	1.4	3.3
	总镍	1.4	3.4
	总锌	0.4	1.2
	可提取态镉	0.8	3.3
	苯并[*a*]芘	0	0.1
农产品	总镉	1.0	2.6
	总汞	0.1	0.3
	总砷	0.3	0.3
	总铅	0.3	1.1
	总铬	2.4	6.0

与表 6-4、表 6-5 对比后发现，调查数据的分类不确定性与数据优秀率和数据不确定性并无相关关系。其中，苯并[*a*]芘的分类不确定性最小，这是由于其评价标准的限值相对较高，导致大量分析测试数据在风险筛选值以下，因此其分类结果较为稳定。这也说明在详查过程中，当入库数据 100%合格时，含量分布是否接近评价限值对分类不确定度的影响程度高于数据优秀率和数据不确定性的影响。因此，对于土壤中总镉而言，其相对较大的分类不确定度主要是因为其含量分布接近风险筛选值或管控值所致，在土壤环境类别划分时应相对谨慎。

此外，通过对农用地详查结果分类不确定性的评估表明，南方地区详查样品的分类不确定性明显较北方地区更高。在实验室技术水平和质量管理规范性没有较大地区差异的前提下，南方地区自然条件的多变性、样品梯度分布的广泛性以及区域异质性都可能是造成这一现象的直接或间接因素。

6.2 企业用地调查质量分析方法

为有效评价企业用地调查质量管理成效，从风险筛查结果的有效性、采样调查与场地调查的等效性、超标结果判定的可靠性和典型高检出率/高超标率指标影响因素等方面进行了定性定量评估。

6.2.1　风险筛查结果的有效性分析方法

基于基础信息采集获得的相关资料，对在产和关闭搬迁企业地块开展了风险筛查，计算了地块的污染可能性分值，并根据地块的相对风险水平将地块划分为高关注度、中关注度和低关注度三类，为确定需开展采样调查的地块提供依据。采样地块的污染捕获情况可以作为基础信息采集与风险筛查结果的验证。可通过分析地块土壤样品污染捕获率与地块关注度以及地块污染可能性分值（地块土壤污染源分值+污染物迁移途径分值）相关性研究，对企业用地调查中地块关注度划分的有效性进行分析。但地下水调查结果可能受区域本底、其他污染源传输等复杂因素影响，因此暂不对地下水样品捕获率与地块关注度以及地块污染可能性分值相关性进行研究。

通过基于卡方检验方法对在产及关闭搬迁地块高关注度与中关注度，以及中关注度与低关注度地块的土壤超标情况差异显著性分析，以及对在产地块和关闭搬迁地块土壤超标比例与污染可能性分值相关性分析的方法，对风险筛查结果的有效性进行分析。

（1）理论基础

卡方检验广泛应用于分类变量之间的相关性分析。其原理为假设分类变量不相关，统计样本实际频数与理论频数之间偏离程度（卡方值），在确定显著性水平后，如果计算出来的偏离程度大于临界值，则拒绝原假设，认为分类变量相关，反之则不相关。卡方检验的基本公式如下：

$$\chi^2=\Sigma\frac{A-T^2}{T} \tag{6-6}$$

式中：A —— 样本实际频数；

T —— 理论频数；

χ —— 卡方值。

卡方检验可通过 SPSS 等统计软件实现。基于卡方检验方法对在产及关闭搬迁地块高关注度与中关注度，以及中关注度与低关注度地块的土壤超标情况进行显著性差异分析。当基础信息采集准确，风险筛查方法科学、可靠时，不同关注度地块中超标比例应存在显著偏差。

（2）评价过程与结果

以在产及关闭搬迁地块中不同关注度地块中超标及未超标地块数量为输入数据，基于统计分析软件计算了不同关注度地块土壤超标卡方检验的 p 值（p-value）。结果表明，无论是全部调查地块、还是在产企业地块或关闭搬迁地块，不同情况下其 p 值均小于 0.01。因此在 99%置信水平上，高关注度与中关注度，以及中关注度与低关注度的在产地块与关闭搬迁地块，其土壤超标情况均呈现显著差异，表明地块关注度对地块土壤污染风险进行了合理区分。

风险筛查工作中还基于基础信息调查中地块污染源及传输途径信息计算了地块的污染可能性分值，该分值同样可用于表征地块潜在污染风险。总体来看，在产地块和关闭搬迁地块土壤超标比例都与污染可能性分值呈正相关，其中在产地块污染可能性分值超过 45，以及关闭搬迁地块污染可能性分值超过 35 后土壤超标率已高于 70%。表明污染可能性分值可较好地反映各地块土壤污染风险差异。

综上所述，风险筛查中各地块的关注等级以及污染可能性分值可较好地反映不同地块土壤污染风险差异性，为后续企业用地调查工作的深入开展提供有力支撑与保障。

6.2.2 采样调查与场地调查的等效性分析方法

基于同时开展企业用地调查和场地调查的地块中超标判定结果的定性及半定量对比结果，分析两个调查技术的等效性。

（1）评价过程

为验证企业用地调查和日常场地调查结果的等效性，选择同时开展过企业用地调查和日常场地调查的地块，在统一土壤和地下水超标判定标准的前提下，对开展了两个调查的地块超标情况进行了定性及半定量的统计分析，基于统计结果对两个调查结果进行等效性分析。这些地块分别由不同单位独立开展，且均对地块是否污染超标进行了判定，其结果可相互验证。

（2）评价结果

对同时开展企业用地调查和场地调查的263个地块在两个调查中超标判定结果进行了统计。统计结果表明，多数地块在两个调查中超标判定情况相同，仅出现了 2.3%的地块在场地调查中判定超标而企业用地调查中未发现超标的情况。另外，存在部分地块在企业用地调查中发现超标，但场地调查中未发现超标的现象，该部分地块大多数在企业用地调查风险筛查工作中被划分为高关注度地块，说明在基础信息采集和风险筛查工作过程中已经对以上地块存在的高污染风险进行了准确的评估，侧面支撑了企业用地调查基础信息采集、风险筛查及结果纠偏的科学性、准确性和合理性。进一步对比该部分地块在两个调查中的检测指标发现，企业用地调查在地块基础信息采集过程中通过严格的质量控制措施，特征污染物识别更全面是获得较高污染捕获率的重要原因之一。

企业用地调查与场地调查结果对比表明，基于严格的质量控制措施，企业用地调查技术体系捕获污染的水平理想，佐证了质量控制体系运行的有效性和可靠性。

6.2.3　超标结果判定的可靠性分析方法

考虑到地块超标判定结果可能存在偏差，基于外部质量控制密码平行样出现土壤或地下水超标判定不存在差异的数据比例对企业用地调查地块超标判定可靠性进行评估。

（1）理论基础

在企业用地调查中，地块是否超标的判定是针对性地开展建设用地准入管理，实施土壤污染分类别、分用途、分阶段治理的重要依据。地块超标判定结果与地块中污染物的性质、含量分布差异以及采样与分析测试技术方法有关，其结果可能的偏差在现有技术水平下不可避免。因此，需对各地块是否超标判定的可靠性，即对同一点位重新进行企业用地调查获得相同判定结果的可能性进行分析与评估。

在企业用地调查中，各地块检测数据均满足企业用地调查质量控制要求，但其数据的不确定性可能导致地块超标判定结果存在偏差。在检测数据均满足入库质量控制要求的前提下，基于外部质量控制密码平行样出现土壤或地下水超标判定不存在差异的数据比例对企业用地调查地块超标判定可靠性进行评估。平行样在同一位置采集，共采集 3 个，2 个送检测实验室，1 个送质量控制实验室，并由检测实验室和质量控制实验室分别制样后检测。因此简单来看，室内密码平行样检测指标不存在超标判定差异的数据比例可用于表征在土壤、地下水性质及含量分布差异存在的前提下地块超标判定的可靠性，而室间密码平行样检测指标不存在超标判定差异的数据比例可用于表征在综合考虑土壤、地下水性质、含量分布差异以及制样、流转、保存和检测技术方法各因素影响的前提下地块超标判定的可靠性，但未包括布点以及不同单位采样差异带来的影响。

（2）评价过程与结果

为开展地块超标判定结果可靠性评估，在兼顾各检测指标类别，并综合考察企业用地调查中各检测指标超标地块数量及超标比例的基础上，选择超标地块数量以及超标比例最高的部分土壤及地下水检测指标作为核心指标，开展各核心指标对企业用地调查地块超标判定结果的可靠性分析与评估。最终选择土壤样品核心检测指标为总砷、总镉、六价铬、总铅、总镍、总钴、氰化物、1,2-二氯乙烷、二氯甲烷、苯、苯并[*a*]芘、二噁英类（总毒性当量）和石油烃（C_{10}～C_{40}）。地下水样品核心检测指标为总砷、总镉、六价铬、总铅、总镍、总锑、氰化物、1,2-二氯乙烷、苯、苯并[*a*]芘。

对于某地块的某核心检测指标，依据其室内密码平行样或室间密码平行样结果分别判断该指标是否超标，当判定结果一致（均为超标或均为不超标）时，可以认为该地块该指标是否超标的判定结果可靠。核心指标地块超标判定可靠性可用超标判定结果一致的平行样数量占该指标总分析的平行样数量的比例来衡量。经计算，土壤各核心指标室内密码平行样分析结果对地块超标判定可靠性为 95.7%～100.0%，室间密码平行样分析结果对地块超标判定的可靠性为 90.8%～99.9%。地下水各核心指标室内密码平行样分析结果对地块超标判定可靠性为 98.1%～100.0%，室间密码平行样分析结果对地块超标判定的可靠性为 94.3%～99.3%。因此可判断企业用地调查超标结果判定具有较好的可靠性。

6.2.4 典型高检出率/高超标率指标影响因素分析

对地块各检测指标分析结果进行研究发现，部分检测指标在地块中的检出率/超标率相对较高。本节在开展相关检测地块数量相对较多、超标率/检出率相对较高、对人体健康危害较大的几个方面对地块检测指标进行了筛选，选择土壤总砷、总钴、总钒、二氯甲烷、石油烃（C_{10}～C_{40}）、二噁英类（总毒性当量）及苯并[*a*]芘作为典型指标，并对其在地块中检出率/超标率较高的影响因素进行简要分析。

表 6-7 中给出了国家“七五”重点科技攻关课题“中国土壤环境背景值研究”中总砷、总钴、总钒在土壤（A 层）背景值的最小值和 5%分位值，以及企业用地调查中采取的各元素分析方法检出限范围。

表 6-7 总砷、总钴、总钒分析方法检出限范围和背景值统计数据 单位：mg/kg

元素	检出限	中国土壤（A 层）背景值统计量						
		最小值	5%值	25%值	中位值	75%值	95%值	最大值
总砷	0.008～0.6	0.01	2.4	6.2	9.6	13.7	27.0	626
总钴	0.007～2.0	0.01	3.0	8.0	11.6	15.4	24.3	93.9
总钒	0.03～20	0.46	26.5	60.3	76.8	96.6	149.2	1 264

可以看出，对于总砷、总钴、总钒 3 种元素，企业用地调查中采取的各元素分析方法具有较高的灵敏度，其检出限普遍低于该 3 种元素在土壤中的背景值，因此其检出率较高。另外，部分土壤中总砷、总钴、总钒本身背景含量较高，可能影响地块超标结果的判定。

二氯甲烷作为工业原料和工业溶剂广泛使用，且具备很强的挥发性，在大气中本底含量高于 0.15 $\mu g/m^3$。同时二氯甲烷是检测实验室普遍使用的有机溶剂，因此实验室空气中二氯甲烷本底含量普遍较高，且本底水平存在不规律的波动，该现象在实验室分析中难以避免，可能是引起土壤中二氯甲烷检出率较高的原因。对企业用地调查全部土壤中二氯甲烷检测数据进行分析发现，检出土壤二氯甲烷检测的地块中，其含量水平普遍较低，与空白试验结果处于同一水平。从以上结果来看，环境空气和实验室空气中二氯甲烷本底影响可能导致土壤二氯甲烷检出率较高，因此，不宜将土壤二氯甲烷的高检出率简单理解为调查地块土壤存在较严重的二氯甲烷污染。

开展土壤石油烃（C_{10}～C_{40}）检测的地块中，检出石油烃（C_{10}～C_{40}）的比例相对较高。造成地块石油烃（C_{10}～C_{40}）污染的因素较多，输油管道泄漏，机动车汽油、设备润滑油等液态物质的倾倒、滴漏、下渗，生产过程中产生的油雾大气沉降、下渗均可以造成土壤石油烃（C_{10}～C_{40}）污染。土壤表层石油烃（C_{10}～C_{40}）污染痕迹与异味明显，同时高碳的石油烃组分性质相对稳定，在土壤中难以去除，在污染发生后较长时间内仍可以检出。在企业用地调查中，明确要求优先将存在明显污染痕迹或存在异味的区域作为疑似污染区域进行布点采样。因此，与其他污染物相比，在布点采样过程中，更容易依据污染痕迹或异味等显著特征捕获石油烃（C_{10}～C_{40}）的污染，这可能是造成地块中石油烃（C_{10}～C_{40}）超标率和捕获率相对较高的主要原因。国内土壤例行监测等工作或研究中也曾发现土壤中石油烃（C_{10}～C_{40}）检出率较高。综合以上分析判断，企业用地调查石油烃（C_{10}～C_{40}）检出和超标情况符合实际情况，合理反映了地块中总石油烃（C_{10}～C_{40}）的污染特征。

二噁英是燃烧和多种工业生产的副产物，其来源广泛，排放到大气中的二噁英可通过干、湿沉降方式吸附到表层土壤的有机物质上，且吸附的二噁英难以降解。研究结果表明我国二噁英类污染物排放量水平较高，企业生产过程中排放的二噁英有可能在土壤中逐渐积累。另外，企业用地调查中评价指标二噁英类（总毒性当量，下同）为检测的 17 种二噁英类组分质量分数与其毒性当量因子乘积的加和。且企业用地调查中，当二噁英组分低于样品检出限时，通常使用样品检出限的 1/2 计算毒性当量质量分数。因此只有当全部 17 种二噁英类组分含量均接近各自检出限的情况下，才可以认为二噁英类未检出，这种情况在实际监测工作中是相对罕见的。综上所述，土壤污染调查中各地块二噁英类较高的检出率主要与分析方法的高灵敏度以及其中规定的二噁英类计算方式有关，并非代表全部地块中均存在显著的二噁英污染。

苯并[*a*]芘主要通过不完全燃烧以及石油和石油产品的开采、运输、使用和排放产生。土壤是苯并[*a*]芘主要的环境归宿之一，因此，苯并[*a*]芘是土壤中常见的污染物之一。企业用地调查对象本身多为存在污染风险的企业地块，普遍涉及燃煤供电或其他燃烧环节，极易导致苯并[*a*]芘产生，因此在企业用地调查中检测苯并[*a*]芘地块中其检出率相对较高，符合地块实际污染情况。

第7章　总结与展望

7.1　总结

质量是土壤详查工作的生命线。土壤详查始终坚持质量优先原则，严格按照统一技术要求规范开展各项调查工作，强化调查全过程各环节质量控制，全面实现了土壤详查质量目标。

7.1.1　创新建立了质量管理体系和组织实施模式

（1）组建专门的质量控制队伍，保证了三级质量管理体系高效

在本次土壤详查工作中，针对农用地详查和企业用地调查工作的特点，均建立了国家级、省级和任务承担单位三级质量管理体系。国家层面均设立了国家级质量控制实验室或国家质量控制工作团队，分工负责对各省（区、市）土壤详查质量保证与质量控制工作进行技术指导、监督检查和考核评估；省级层面均设立了省级质量控制实验室或质量控制单位，负责对本行政区土壤详查质量保证与质量控制工作进行技术指导和组织实施；任务承担单位层面各单位均设立专门的质量控制工作组，按照农用地详查和企业用地调查质量保证与质量控制有关要求建立和运行内部质量管理体系，同时接受省级质量控制实验室或质量控制单位监督检查和工作质量评估。在土壤详查质量管理体系各层级均设置专门的质量控制队伍，确保了各级质量管理责任的逐级落实。

（2）强化国家对地方的技术指导和监督检查，对发现的质量问题实施“零容忍”

针对农用地详查和企业用地调查不同工作环节，在国家层面，一方面组织国家级质量控制专家定期开展线上抽审，同时赴各地有针对性地开展技术指导、现场检查和飞行检查；另一方面通过土壤详查信息管理平台内置有关质量控制要求，建立问题信息反馈和处理处置机制，对上报数据实时开展信息化审核，对可疑和不合格数据进行质量控制预警，强化对各环节上报数据的质量控制。在国家层面强力推动下，土壤详查各级质量管理人员对工作过程中发现的质量问题和潜在风险采取零容忍态度，不错过、不放过，

有警必查、有错必究、有漏必补、有险必排、有环必闭，有效保证了土壤详查工作高质量地完成。

7.1.2 完善了质量保证与质量控制技术和方法

1）在地块基础信息调查上，通过多源数据相互验证和持续动态增补，确保土壤重点污染源调查对象应查尽查。针对企业用地基础信息调查数据质量要求高和无可借鉴经验的情况，首次开发出一套完整的地块信息采集质量控制和基础信息调查数据审核技术方法，确保基础信息调查数据规范、完整、准确。

2）在样品采集与制备上，制定样品采集与制备质量控制技术方法，将手持智能终端和视频监控技术分别应用到土壤详查样品采集和制备等环节质量控制，使得土壤详查样品采集和制备过程得到有效控制，确保了采样和制样工作的真实性和规范性。

3）在实验室分析测试上，通过实验室筛选、实验室能力验证、分析方法验证等一系列质量保证措施确保土壤详查实验室具备足够的技术能力。通过同步实施插入空白样品、校准标准、平行样品、有证标准物质样品或加标回收样品等内部质量控制手段和插入统一监控样与密码平行样等外部质量控制手段对样品分析测试过程严格加以质量控制，确保土壤详查样品分析测试数据的准确性和可比性。

4）在密码平行样比对结果质量评价方法上，本次土壤详查不拘泥于以往习惯的两组（个）分析测试数据的简单比较（如偏差或相对偏差），而是从污染调查的初心出发，基于同一点位采集的平行样品分析测试结果得到的污染状况评价结果应该是一致的基本假设，从而解决了实际样品中污染物不同浓度水平分析测试数据的相互比较的质量控制难题，使得现场采集的密码平行样可方便用于土壤详查这种大规模调查的质量控制实践。

5）在信息化技术应用上，根据土壤详查工作实际需求搭建的土壤详查信息管理平台，基于移动互联网、物联网终端、卫星定位技术、网络数据库管理等信息化技术，实现了基础信息采集、点位布设、样品采集、样品制备、样品流转与保存、样品分析测试等环节全过程上报数据的信息化质量控制。

6）在调查成果质量分析方法上，基于质量控制大数据和多元数据统计方法，从正确度评价、精密度评价、可靠性评价等方面对农用地详查各核心指标的总体质量探索定量评估，并以此为依据，从样本代表性、数据优秀率、数据可靠性、分类可靠性等方面对农用地详查总体质量控制水平进行评价。从风险筛查结果的有效性、采样调查与场地调查的等效性、超标结果判定的可靠性对重点行业企业用地调查的数据质量进行定性定量评价。

7.2 展望

本次土壤详查探索形成的一套完整的质量管理组织实施模式和全过程质量保证与质量控制技术和方法，为今后同类土壤环境调查积累了丰富的质量管理实践经验，同时也为进一步开展质量改进指明了方向。未来开展全国土壤污染状况普查的质量目标将会更高，质量控制要求将更科学、精准，质量控制手段将更智慧、便捷、高效。基于本次土壤详查质量保证与质量控制工作实践经验，为做好下一次全国土壤污染状况普查质量保证与质量控制各项准备工作。建议从现在起，重点加强以下几个方面的工作。

（1）加强土壤污染状况普查质量保证与质量控制科学研究工作

由于本次土壤详查建立的一些新的质量保证与质量控制技术和方法还需继续完善，一些基于当时科学技术成果开发的手持智能终端、信息化管理系统等随着科学技术的进步还需继续改进。因此，在国家层面要组织开展土壤污染状况普查质量保证与质量控制方面的重大理论研究和技术创新，优化土壤污染状况普查质量控制指标、技术流程和技术方法，开展人工智能、区块链技术、大数据分析、海量数据管理等技术在土壤污染状况普查质量保证与质量控制中的应用研究。

（2）加强土壤污染状况普查系列技术规范和配套分析方法标准的制（修）订

本次土壤详查的技术规定文件均是依据工作需要专门制定，其中部分文件属国内首次发布，受时间、经验等因素限制，某些技术规定文件或多或少存在实操性不强或规定不够细致的问题，这些问题虽然已在土壤详查工作过程中通过补发文件等方法得到很好的解决，但这对全面做好土壤详查质量保证与质量控制工作还是或多或少有所影响。此外，本次企业用地调查发现，基础信息调查环节出现频次较高的前 500 种地块特征污染物中，还有大约 150 种特征污染物目前尚没有可用的分析方法标准。

（3）加强土壤、地下水等有证标准物质和统一监控样品的研究与开发

本次企业用地调查国家成果集成时发现，一些实验室常用的有机溶剂如二氯甲烷等 VOCs 在调查地块中检出率偏高的情况，其原因主要是由于没有合适的 VOCs 有证标准物质和统一监控样品、未能对实验室 VOCs 样品分析测试的正确度实施有效的质量控制。我国目前针对企业用地土壤污染状况调查的有证标准物质和统一监控样品种类还有很大缺口，远不能满足地块特征污染物特别是 VOCs 和 SVOCs 类检测指标的质量控制需求。

（4）有计划地锻造覆盖全国的土壤污染状况普查专业队伍和质量控制队伍

本次土壤详查质量管理工作是在“由上而下”强力推动下完成的，但在国家级和省

级各次质量监督检查和飞行检查工作中，总能发现一些任务承担单位或多或少存在一些严重质量问题，这表明参与土壤详查的个别任务承担单位专业技术能力和质量管理水平还存在不足，其发现土壤详查工作中质量问题的能力还不够强，人员的技术能力还有待进一步提高。因此，在今后的日常土壤污染状况调查工作中，要不断加强任务承担单位的人员技术培训，不断强化对土壤污染状况调查项目的质量管理和监督检查。

（5）加强全国土壤污染状况普查的前期技术准备工作

受工作完成时限、经费预算管理等因素限制，本次土壤详查信息管理平台搭建、手持智能终端开发、统一监控样品研制等与质量管理密切相关的土壤详查基础性工作未能提前启动，在农用地详查试点阶段未能获得应用。此外，在农用地详查启动之前，未能充分考虑到土壤详查质量控制对有证标准物质市场的大量需求，在农用地详查大规模启动之后，与本次土壤详查有关的有证标准物质出现了严重供不应求的局面，被迫采用行政手段解决农用地详查质量控制物资急需。

附　录

附录 1　农用地详查质量控制检查中常用表格

附表 A-1　详查范围确定、单元划分与点位布设质量控制检查表

检查内容			检查结果	备注
总体审核	完整性	1. 详查范围确定、单元划分与点位布设总体是否满足详查工作要求	□是 □否	
		2. 详查范围确定、点位核实结果是否经县级人民政府确认，确认单是否盖章并附人员签字，有关成果是否与确认单一致	□是 □否	
	准确性	3. 坐标系是否统一且符合有关要求，不同图层（高分影像/点位/详查单元/污染源/农用地分布图层）之间是否存在整体偏移	□是 □否	
	规范性	4. 空间矢量图层格式、图层命名、图层相关字段设置等是否符合统一要求	□是 □否	
详查单元划分	规范性	5. 详查单元是否已经编码，编码是否符合规定要求	□是 □否	
		6. 详查单元形状与污染类型是否一致	□是 □否	
		7. 详查单元边界划定是否合理，边界是否有重叠	□是 □否	
	全面性	8. 详查单元范围是否已覆盖企业影响范围或超标区等	□是 □否	
	/	9. 对超标或污染成因不明的详查单元，是否开展现场核查	□是 □否	
详查点位布设	规范性	10. 点位是否已经编码，编码是否符合有关要求	□是 □否	
	针对性	11. 是否布设了表层点、深层点和农产品点位	□是 □否	
		12. 质量控制点位数量是否充足	□是 □否	
		13. 布点是否覆盖了重点详查布点单元	□是 □否	
		14. 其他疑似农用地污染区是否均有点位布设	□是 □否	

检查内容			检查结果	备注
详查点位布设	规范性	15. 所有点位是否均位于布点单元内	□是 □否	
		16. 点位是否布设在农用地上	□是 □否	
		17. 点位布设是否符合技术规定确定的布设精度、布设位置等要求	□是 □否	
		18. 点位类型是否明确	□是 □否	
		19. 点位测试项目是否满足要求	□是 □否	
	代表性	20. 点位是否布设在主要的用地类型上	□是 □否	
		21. 点位是否在本地主栽农产品（南方水稻、北方小麦）的农用地上	□是 □否	
	均匀性	22. 相同单元内部布点是否均匀	□是 □否	
		23. 不同单元之间点位布设是否均匀	□是 □否	
		24. 农产品和深层土壤点位布设是否均匀	□是 □否	
		25. 质量控制样点数量是否满足技术规定的要求，分布是否均匀	□是 □否	
	一致性	26. 不同的图层坐标系是否一致	□是 □否	
		27. 农产品和表层土壤点位布设是否一致	□是 □否	
		28. 表层土壤和深层土壤点位布设是否一致	□是 □否	
		29. 地图与现场踏勘结果是否一致	□是 □否	
	可行性	30. 点位是否具有可达性，农产品是否具有可获取性	□是 □否	

附表 A-2　采样资料质量控制检查表

检查内容	检查结果	备注
1. 采样点位编码		填写编码
2. 是否属于点位偏移点位	□是 □否（偏移距离　　　m）	小于 50 m 不填
3. 是否是密码平行样点	□否 □是	
4. 样点周边信息与照片的符合性	□是 □否（不符合照片名称）	
5. 记录样品重量是否达到要求	□是 □否（差________ g）	
6. 检测指标与采样工具的符合性	□是 □否（描述不符合情况）	如重金属用铁铲
7. 检测指标与分装容器易的符合性	□是 □否（描述不符合情况）	如有机项目用塑料袋
8. 照片数量是否达到要求	□是 □否 （缺失照片名称：__________）	如缺 GPS 屏显照片
9. 照片内容是否达到要求	□是 □否 （描述不规范内容：________）	如采样工作过程照片未见采样人

检查内容	检查结果	备注
10. 照片中 GPS 显示经度与实际采样经度的符合性	□是 □否（差值：________）	小数点后第 4 位
11. 照片中 GPS 显示纬度与实际采样经度的符合性	□是 □否（差值：________）	小数点后第 4 位
12. 是否有采样人员签字	□是 □不全（描述缺失项）□否	

填表说明：对采样资料的检查内容均是针对每个样品的，检查结果与样品关联；只有采样单位进行资料检查时，需核实采样记录份数。

附表 A-3 采样现场质量控制检查表（同时进场）

检查内容	检查结果	备注
1. 采样点位编码		填写编码
2. 采样经度符合性	□是 □否（超出：_______°）	小数点后第 4 位
3. 采样纬度符合性	□是 □否（超出：_______°）	小数点后第 4 位
4. 点位规范性	□是 □否 （描述不规范内容：________________）	如在垅上采样
5. 采样方法规范性	□是 □否 （描述不规范内容：________________）	如未采集混合样
6. 采样深度符合性	□是 □否 （与规定相距________________cm）	
7. 采样点照片的真实性	□是 □否 （描述不真实内容：________________）	
8. 标签正确性	□是 □否（□无标签 □不清晰 □重号）	
9. 样品重量是否达标	□是 □否（□不足 □过多）	
10. 包装容器是否符合要求	□是 □否（□破损 □沾污 □材质不正确 □未装满 □未密封）	如有机样品使用塑料袋
11. 样品数量是否符合要求	□是 □否（缺失样品数量____________个） （缺失样品号：____________）	
12. 是否有防污染措施	□有 □无	

附表 A-4 采样现场质量控制检查表（采样后进场）

检查内容	检查结果	备注
1. 采样经度符合性	□是 □否（超出：________°）	小数点后第 4 位
2. 采样纬度符合性	□是 □否（超出：________°）	小数点后第 4 位
3. 点位规范性	□是 □否（描述不规范内容：____）	如在垅上采样
4. 采样点照片的真实性	□是 □否（描述不真实内容：____）	

附表 A-5 制样工作条件质量控制检查表

检查内容	检查结果	备注
1. 风干室	□有 □有，非独立空间 □无	
2. 风干室通风情况	□良好 □一般 □无	
3. 风干室清洁度	□好 □一般 □差 （□脏乱 □有异味 □其他________）	
4. 磨样室	□有 □有，非独立空间 □无	
5. 制样防污染措施	□有 □有，不完善 □无	
6. 工具是否齐全	□是 □否（填写缺失工具名称）	
7. 工具是否完好	□是 □否（填写损坏工具名称）	
8. 样品筛目数正确性	□是 □否（填写缺失样筛目数）	
9. 分装容器材质是否正确	□是 □否（填写不符合内容）	
10. 分装容器数量是否足量	□是 □否（填写缺失样品数量）（样品号？）	
11. 制样工具清洗是否符合要求	□是 □否（ ）	
12. 视频监控设备	□有 □无	
13. 视频监控设备运行状态	□正常 □故障 镜头编号： 故障开始时间： 年 月 日 时 分 故障排除时间： 年 月 日 时 分 镜头编号： 故障开始时间： 年 月 日 时 分 故障排除时间： 年 月 日 时 分	
14. 视频监控设备观察记录	□有 □无（填写开始缺失时间）	
15. 视频监控设备画面留存	□有 □无	

附表 A-6　对制备中样品质量控制检查表

检查内容	检查结果	备注
1. 是否有任务分配单	□是 □否	
2. 是否有内部收样单	□是 □否	
3. 收样单是否有签字	□是 □否	
4. 干燥方法是否正确	□是 □否	
5. 破碎方法是否正确	□是 □否	
6. 筛分方法是否正确	□是 □否	
7. 制样工具清洗是否符合要求	□是 □否	
8. 样品是否混匀	□是 □否	
9. 缩分方法是否正确	□是 □否	
10. 制样记录是否完整	□是 □否	
11. 制样记录是否正确	□是 □否	
12. 制样记录是否及时	□是 □否	

附表 A-7　对制备完成样品质量控制检查表

检查内容	检查结果	备注
1. 样品标签是否清晰	□是 □否（□无、□不清、□重号 □破损）	
2. 样品重量是否达标	□是 □否（未达标样品号：______________）	
3. 样品流转是否正确	□是 □否（□缺失样品号 □多余样品号）	
4. 样品粒度是否符合要求	□是 □否（不符合样品号：______________）	
5. 样品包装容器是否符合要求	□是 □否（□破损 □玷污 □材质正确）	
6. 样品保存条件是否符合要求	□是 □否（□有光照 □温度超出）	
7. 是否有样品出入库记录	□有 □无	
8. 样品接收单是否有缺项目	□无 □有（填写缺少内容）	
9. 样品接收单位是否有双方签字	□是 □否	
10. 样品发放单是否有双方签字	□是 □否	
11. 样品发放单是否有缺项	□无 □有（填写缺少内容）	

附表 A-8 对流转中心质量控制检查表

检查内容	检查结果	备注
1. 有无纸质样品内部交接单	□有 □无	
2. 样品内部交接单的正确性	□完整 □缺失（单号）□漏项（单号，项目） □发样人签字 □收样人签字	
3. 有无统一监控样插入记录表	□有 □无	
4. 有无密码平行样出入记录表	□有 □无	
5. 有无纸质样品外部接收记录	□有 □无	
6. 样品外部接收单的完整性	□完整 □缺失（单号）	
7. 样品外部接收单的正确性	□是 □否【□漏项（单号，项目） □送样人签字 □接样人签字】	
8. 有无纸质样品外部发放记录	□有 □无	
9. 样品外部发放记录的完整性	□完整 □缺失（单号）	
10. 样品外部发放记录的正确性	□是 □否【□漏项（单号，项目） □送样人签字 □接样人签字】	

附表 A-9 对流转中心存放样品质量控制检查表

检测内容	检查结果	备注
1. 样品标签是否清晰	□是 □否（□无、□不清、□重号 □破损）	
2. 样品库存是否正确	□是 □否（□缺失样品号 □多余样品号）	
3. 样品包装容器是否符合要求	□是 □否（□破损 □玷污 □材质正确）	
4. 样品保存条件是否符合要求	□是 □否（□有光照 □温度超出）	
5. 样品停留时间是否正常	□正常 □超时 □滞留	
6. 样品与交接单的符合性	□符合 □不符合 （描述错误内容，如记录单已送出，但样品仍在）	如记录单已送出，但样品仍在

附表 A-10 样品库保存样品质量控制检查表

检查内容	检查结果	备注
1. 样品标签是否清晰	□是 □否（□无、□不清、□重号 □破损）	
2. 样品重量是否达标	□是 □否（未达标样品号：________________）	
3. 库存样品数量是否正确	□是 □否（□缺失样品号 □多余样品号）	
4. 样品粒度是否符合要求	□是 □否（不符合样品号：________________）	
5. 样品包装容器是否符合要求	□是 □否（□破损 □玷污 □材质正确）	
6. 样品保存条件是否符合要求	□是 □否（□有光照 □温度超出）	
7. 样品保存状态是否正确性	□正确 □否【□鲜样未冷冻 □有机样品未冷藏 □过期样品（样品号）】	
8. 样品与交接单的符合性	□符合 □不符合（描述错误内容）	如记录单已送出，但样品仍在
9. 日常监控记录完整性	□是 □否（描述缺失内容）	
10. 日常检查记录的时效性	□及时 □滞后	
11. 有无出入库记录	□有 □无	
12. 出入库记录的完整性	□是 □否	
13. 出入库记录的及时性	□是 □否	

附表 A-11 样品库样品交接记录质量控制检查表

检查内容	检查结果	备注
1. 有无纸质样品内部交接单	□有 □无	
2. 样品内部交接单的正确性	□完整 □缺失（单号）□漏项（单号，项目） □发样人签字 □收样人签字	
3. 有无纸质样品外部接收记录	□有 □无	
4. 样品外部接收单的完整性	□完整 □缺失（单号）	
5. 样品外部接收单的正确性	□是 □否【□漏项（单号，项目） □送样人签字 □接样人签字】	
6. 有无纸质样品外部发放记录	□有 □无	
7. 样品外部发放记录的完整性	□完整 □缺失（单号）	
8. 样品外部发放记录的正确性	□是 □否【□漏项（单号，项目） □送样人签字 □接样人签字】	

附表 A-12　检测实验室工作条件等质量控制检查表

检查内容	检查结果	备注
1. CMA 证书是否在有效期内	□是 □否（填写到期时间）	
2. CNAS 证书是否在有效期内	□是 □否（填写到期时间）	
3. 承担的所有详查项目是否在能力表内	□是 □否（填写未在表内项目）	
4. 承担的所有详查项目人员是否均有相关培训记录	□是 □否（填写未参加培训人员姓名）	
5. 承担的所有详查项目人员是否均为持证上岗	□是 □否（填写持证上岗人员姓名）	
6. 是否所有项目均有作业指导书	□是 □否（填写缺失作业指导书名称）	
7. 有无实验室用水质量检查记录	□有　□无	
8. 有无试剂质量检查记录	□有　□无	
9. 有无实验耗材质量检查记录	□有　□无	
10. 有无标准物质期间核查记录	□有　□无	

附表 A-13　检测实验室实验条件质量控制检查表

检查内容	检查结果	备注
1. 前处理设备是否满足工作要求	□是 □否（填写不满足内容）	
2. 分析仪器是否满足工作要求	□是 □否（填写不满足内容）	
3. 分析仪器使用记录是否齐全	□是 □否（填写缺失仪器名称）	
4. 有无实验室用水质量检查记录和使用记录	□有　□无	
5. 有无标准物质使用记录	□有　□无	
6. 有无温度、湿度等环境监控设备	□有　□无	
7. 有无环境条件监控记录	□有　□无	
8. 实验室是否承担制样任务	□是（需检查制样单位除“风干室”外所有检查内容）□ 否	

附表 A-14　对指定样品分析测试过程质量控制检查表

检查内容	检查结果	备注
1. 样品编码		
2. 样品二次编码		
3. 样品类型	□表层土壤　□深层土壤　□农产品	

检查内容	检查结果	备注
4. 检测指标		
5. 检测方法		
6. 分析仪器编号		
7. 分析仪器与方法是否相符	□ 是 □否（填写使用仪器名称）	
8. 分析仪器有无检定/校准证书	□有（填写有效期： 年 月 日）□无	过期视为“无”
9. 分析仪器有无使用记录	□有，相符 □有，不相符 □无	登记时间
10. 分析仪器记录与样品检测时间的符合性	□相符 □不相符	
11. 标准曲线相关性	□相关系数法（相关系数：_______） □相对响应因子法（RSD：_______）	
12. 标准曲线最低点		
13. 标准曲线最高点		
14. 有无实验室空白	□无 □有（ ）	样品检测时未同期检测视为无
15. 同分析批次有无平行样分析	□无 □有（ ）	样品检测时未同期检测视为无
16. 同分析批次有无有证标准物质或加标回收样品分析	□无 □有（ ）	样品检测时未同期检测视为无
17. 上报结果与原始记录的符合性		检查选中样品的报告结果与质量控制结果与原始记录的匹配性

附表 A-15 对检测实验室样品存放的质量控制检查表

检查内容	检查结果	备注
1. 样品标签是否清晰	□是 □否（□无、□不清、□重号 □破损）	
2. 包装容器是否符合要求	□是 □否（□破损 □玷污 □材质正确）	
3. 样品保存条件是否符合要求	□是 □否（□有光照 □温度超出）	
4. 样品保存状态是否正确	□是 □否【□鲜样未冷冻 □有机样品未冷藏 □过期样品（样品号）】	
5. 样品与交接单的符合性	□符合 □不符合（描述错误内容，如记录单已送出，但样品仍在）	
6. 样品是否分类存放	□是 □否	
7. 日常监控记录是否完整	□是 □否（描述缺失内容）	
8. 日常检查记录的时效性	□及时 □滞后	

附录 2 企业用地调查质量控制检查中常用表格

附表 B-1 地块风险筛查高分值指标项及对应信息项

地块类型	高分值风险筛查指标项	对应调查表中的信息项
在产企业地块	1. 生产经营活动时间 2. 地块中职工的人数 3. 地块周边 500 m 内的人口数量 4. 重点区域离最近敏感目标的距离 5. 污染物对人体健康的危害效应 6. 污染物迁移性 7. 污染物挥发性 8. 泄漏物环境风险 9. 地下水及邻近区域地表水用途 10. 地下水可能受污染程度 11. 地下防渗措施	1. 成立时间 2. 地块利用历史 3. 危险化学品名称 4. 企业是否开展过清洁生产审核 5. 废气污染物名称 6. 废水污染物名称 7. 厂区内是否有产品、原辅材料、油品的地下储罐或输送管线 8. 厂区内是否有工业废水的地下输送管线或储存池 9. 厂区内地下储罐、管线、储水池等设施是否有防渗措施 10. 该企业是否发生过化学品泄漏或环境污染事故 11. 特征污染物名称 12. 地块内职工人数 13. 地块周边 500 m 范围内人口数量 14. 地块周边 1 km 范围内存在以下敏感目标及敏感目标到最近的重点区域的距离 15. 地块所在区域地下水用途地块邻近区域（100 m 范围内）地表水用途
关闭搬迁企业地块	1. 生产经营活动时间 2. 污染物对人体健康的危害效应 3. 重点区域离最近敏感目标的距离 4. 土壤可能受污染程度 5. 地块土地利用方式 6. 重点区域面积 7. 污染物迁移性 8. 地块及周边 500 m 内人口数量 9. 污染物挥发性 10. 地下水及邻近区域地表水用途 11. 重点区域离最近饮用水井、集中式饮用水水源地的距离 12. 地下水可能受污染程度	1. 运营时间 2. 地块规划用途 3. 地块利用历史 4. 重点区域总面积 5. 该企业是否发生过化学品泄漏或环境污染事故 6. 该地块土壤是否存在以下情况（受污染程度） 7. 该地块地下水是否存在以下情况 8. 特征污染物名称 9. 地块内及周边 500 m 范围内人口数量 10. 地块周边 1 km 范围内存在以下敏感目标及敏感目标到最近的重点区域的距离 11. 地块所在区域地下水用途 12. 地块邻近区域（100 m 范围内）地表水用途

附表 B-2　调查表填报质量检查表

<table>
<tr><td colspan="2">地块名称</td><td></td><td>地块编码</td><td></td><td rowspan="4">备注（质量检查结果不合格项目名称）</td></tr>
<tr><td colspan="2">企业类型</td><td>□在产　□关闭搬迁　□填埋场</td><td>调查表填报日期</td><td></td></tr>
<tr><td colspan="2">调查单位</td><td></td><td>调查小组</td><td></td></tr>
<tr><td colspan="2">审查级别</td><td>□内审　□市级外审　□省级外审</td><td>检查次数</td><td>第___次 检查</td></tr>
<tr><td rowspan="7">完整性检查</td><td>地块基本情况表</td><td colspan="3">□完整　□*项缺__项　□非*项缺___项</td><td></td></tr>
<tr><td>污染源信息调查表</td><td colspan="3">□完整　□*项缺__项　□非*项缺___项</td><td></td></tr>
<tr><td>迁移途径信息调查表</td><td colspan="3">□完整　□*项缺__项　□非*项缺___项</td><td></td></tr>
<tr><td>敏感受体信息调查表</td><td colspan="3">□完整　□*项缺__项　□非*项缺___项</td><td></td></tr>
<tr><td>土壤或地下水环境监测调查表（在产企业）</td><td colspan="3">□完整　□*项缺__项　□非*项缺___项</td><td></td></tr>
<tr><td>环境监测和调查评估信息调查表（关闭搬迁企业）</td><td colspan="3">□完整　□*项缺__项　□非*项缺___项</td><td></td></tr>
<tr><td>合计[a]</td><td colspan="3">□合格　□*项缺__项　□非*项缺___项</td><td></td></tr>
<tr><td rowspan="7">规范性检查</td><td>地块基本情况表</td><td colspan="3">□规范　□*项不规范__项　□非*项不规范___项</td><td></td></tr>
<tr><td>污染源信息调查表</td><td colspan="3">□规范　□*项不规范__项　□非*项不规范___项</td><td></td></tr>
<tr><td>迁移途径信息调查表</td><td colspan="3">□规范　□*项不规范__项　□非*项不规范___项</td><td></td></tr>
<tr><td>敏感受体信息调查表</td><td colspan="3">□规范　□*项不规范__项　□非*项不规范___项</td><td></td></tr>
<tr><td>土壤或地下水环境监测调查表（在产企业）</td><td colspan="3">□规范　□*项不规范__项　□非*项不规范___项</td><td></td></tr>
<tr><td>环境监测和调查评估信息调查表（关闭搬迁企业）</td><td colspan="3">□规范　□*项不规范__项　□非*项不规范___项</td><td></td></tr>
<tr><td>合计[b]</td><td colspan="3">□合格　□*项不规范___项　□非*项不规范___项</td><td></td></tr>
<tr><td rowspan="7">准确性检查</td><td>地块基本情况表</td><td colspan="3">□准确　□*项不准确___项</td><td></td></tr>
<tr><td>污染源信息调查表</td><td colspan="3">□准确　□*项不准确___项</td><td></td></tr>
<tr><td>迁移途径信息调查表</td><td colspan="3">□准确　□*项不准确___项</td><td></td></tr>
<tr><td>敏感受体信息调查表</td><td colspan="3">□准确　□*项不准确___项</td><td></td></tr>
<tr><td>土壤或地下水环境监测调查表（在产企业）</td><td colspan="3">□准确　□*项不准确___项</td><td></td></tr>
<tr><td>环境监测和调查评估信息调查表（关闭搬迁企业）</td><td colspan="3">□准确　□*项不准确___项</td><td></td></tr>
<tr><td>合计[c]</td><td colspan="3">□合格　□*项不准确___项</td><td></td></tr>
<tr><td colspan="2">调查表填报质量评价[d]</td><td colspan="4">□合格　　　　□不合格</td></tr>
<tr><td colspan="3">审核人员：</td><td colspan="3">审核日期：</td></tr>
</table>

填表说明：a. 信息完整性检查：若带“*”的未填项数超过 2 个或不带“*”的未填项数超过 5 个，则判定为信息完整性检查不合格；

b. 信息规范性检查：若带“*”的不规范填报项数超过 2 个或不带“*”的不规范填报项数超过 5 个，则判定为信息规范性检查不合格；

c. 信息准确性检查：当*项不准确填报项数超过 2 个，则判定为信息准确性检查不合格；

d. 调查表填报质量评价：完整性、规范性、准确性三者有一项不合格则判定该地块调查表填报为不合格；若三项均合格，统计调查表中带“*”的未填信息项、不规范信息项和不准确信息项总数，超过 5 个则判定为调查表填报质量不合格。对不合格调查表须出具整改意见单。

附表 B-3 空间信息审查要求

审查方面	项目	序号	审查要求
完整性	面文件	1	地块边界面图层文件 1 个
	点文件	2	重点区域及敏感受体点图层文件 1 个
	单个地块文件	3	单个地块空间数据集（按市、县两级目录组织）
规范性	坐标投影	4	地理坐标为 CGCS2000
		5	投影方式为经纬度地理坐标
	地块边界	6	地块编码无重复
		7	地块编码无缺失
		8	地块编码为 13 位数字
	重点区域	9	类型代码属于“企业地块空间信息类型编码表”中重点区域编码、尾矿库代码范围内
	敏感受体	10	类型代码属于“企业地块空间信息类型编码表”中敏感受体编码[1]范围
	属性信息	11	地块边界面文件属性表必备 DKBM、BZ 字段
		12	重点区域及敏感受体点文件属性表必备 DKBM、LXDM、BZ 字段
		13	字段类型为文本型（DKBM 字段长度 50；LXDM 字段长度 5；BZ 字段长度 255）
		14	类型代码均为数字
		15	类型代码无缺失
准确性	名单	16	地块边界面文件中地块编码与重点行业企业用地调查信息管理系统中核实应查名单的地块编码完全对应
		17	重点区域及敏感受体点文件中地块编码与重点行业企业用地调查信息管理系统中核实应查名单的地块编码完全对应
	地块边界	18	企业正门经纬度对应点位距离地块边界小于 30 m
		19	企业正门经纬度点位对应地块编码与实际一致
		20	一个地块编码对应一个多边形边界
		21	地块边界之间无重叠（多厂一址边界完全重叠需有备注）
		22	地块边界不存在勾画错误
		23	地块边界与影像实际边界套合误差小于 20m
	重点区域	24	调查表中填写的重点区域类型数量与图中标记类型数量相同
		25	调查表中填写的重点区域类型名称与图中标记类型名称对应
		26	在产及关闭搬迁企业地块边界内至少有一个重点区域点
		27	重点区域点位应位于地块边界内
		28	重点区域点位的地块编码与对应地块边界的地块编码一致
	敏感受体	29	调查表中填写的敏感受体类型数量与图中标记类型数量相同
		30	调查表中填写的敏感受体类型名称与图中标记类型名称对应
		31	敏感受体点位应位于地块边界以外（地块边界内敏感受体须备注清楚）
		32	敏感受体点位的地块编码与对应地块边界的地块编码一致
		33	敏感受体无漏标

附表 B-4 风险筛查专家审核表

审核方面	序号	审核内容	审核方式
规范性	1	优化工作是否在信息采集各级外审质量有保障的前提下开展（国家级线上抽审近三次合格率均在 80%以上，省级外审总体合格率 80%）	形式审核
	2	对关注度的划分标准是否结合当地实际情况进行了调整，不调整是否有合理理由	形式审核
	3	是否按照纠偏程序进行了偏差企业查找：重点监管企业或单位、已有调查或监测发现的超标地块、统计方法、地市级管理经验、专家经验	形式审核
完整性	4	是否提交了加盖生态环境部门公章的关注度划分标准	形式审核
	5	是否提交了加盖生态环境部门公章的纠偏结果汇总表	形式审核
	6	地块优化结果汇总表信息项是否填写完整	形式审核
	7	是否提交了加盖生态环境部门公章的专家论证会意见	形式审核
	8	是否提交了纠偏专家信息表	形式审核
合理性	9	高关注度地块总数占调查企业地块总数比例是否大于 10%（含）	统计
	10	高关注度在产企业地块占调查在产企业地块的比例是否大于 5%（含）	统计
	11	在产企业地块纠偏后不同方式进入高关注度地块的数量及比例	统计
	12	关闭搬迁企业地块纠偏后不同方式进入高关注度地块的数量及比例	统计
	13	在产企业地块纠偏后不同方式进入中关注度地块的数量及比例	统计
	14	关闭搬迁企业地块纠偏后不同方式进入中关注度地块的数量及比例	统计
	15	纠偏过程中地块关注度水平调低的合理性（提供清单）	省级自查

附表 B-5 布点方案专家审核意见记录表

地块编码		所在省市		前期评审组长	
地块名称		方案编制单位		前期评审组长所在单位	

一、形式审核

序号	审核要点	是否包含	审核意见
1.1	*布点方案 要点说明：线上检查上传系统的是否为所对应地块的布点方案，避免材料上传错误	□是 □否	
1.2	采样方案 要点说明：检查是否包括采样方案工作内容	□是 □否	
1.3	*专家组长确认通过的评审意见 要点说明：根据《重点行业企业用地调查疑似污染地块布点采样方案审核工作手册（试行）》，修改后的方案上传必须是专家确认修改完成，即通过审核的布点方案	□是 □否	
1.4	*系统中结构化数据是否与布点方案一致 要点说明：附表 3 为导入系统的结构化数据项，线上审核时应重点审核该表与布点方案中相关信息项的一致性	□是 □否	

二、技术审核

序号及内容	审核要点	是否满足	审核意见
2.1 点位布设	布点所采用底图是否与基础信息调查阶段收集的图件一致（边界、范围及主要功能区），布点方案应提供对比图，如不一致，说明来源及理由	□是 □否	
	疑似污染区域识别是否充分 要点说明：方案考虑的布点范围为产生污染的地块内全部区域，疑似污染区域原则上应包括基础信息调查时确定的全部重点区域；若未纳入疑似污染区域，应给出充分理由	□是 □否	
	*布点区域选择依据是否充分。 要点说明：布点区域从已划分的疑似污染区域中选择，筛选时应优先考虑最可能采集到超标样品的区域（可通过污染物毒性、用量或产生量、渗漏可能性及相关环境质量标准等综合判断）	□是 □否	

2.1 点位布设	*布点位置是否明确，布点位置的确定理由是否合理 要点说明：采样点位置或范围必须明确。布点方案应阐述采样点位置设置的理由。采样点应布置在根据已有信息判断最可能采集到超标样品的位置，可通过检出污染物毒性、种类、浓度，以及超过环境质量标准的可能性综合判断。当历史污染信息不足、无法确定为某一固定位置时，应给出采样点的确定方法（如原生产车间中心区域）	□是 □否	
	*采样点是否经过现场确认 要点说明：方案中应给出能明确体现采样点位置的现场照片。照片应清晰显示采样点现场标记（喷漆或木桩等）及采样点周边环境	□是 □否	
	*土壤和地下水样品采样深度确定方法是否明确且符合技术规定的要求 要点说明：土壤采样深度（钻探深度和取样位置）应根据地块水文地质条件（地层分布、水位）、污染物迁移特点、现场筛选及相关经验进行判断后确定。地下水采样深度（筛管位置）也应根据污染物迁移特点及地块地层情况确定，方案中须给出明确的确定原则，便于采样时现场实施。需要说明的是，地下水初见水位不一定是土壤钻孔深度的终点，钻孔深度原则上应从“捕获最严重污染”的角度出发	□是 □否	
	点位调整流程是否明确	□是 □否	
2.2 测试项目	测试项目是否包括 GB 36600 中 45 项基本指标 要点说明：负责初步采样调查工作组织实施的生态环境部门同意的（能提供证明），可只测定地块特征污染物项目	□是 □否	
	*测试项目设置是否充分考虑基础信息调查阶段确定的特征污染物，未完全包含的特征污染物，理由是否充分 要点说明：测试项目原则上应当根据保守原则确定，地块内可能存在的污染物及其在环境中转化或降解产物均应当考虑纳入检测范畴。同时，应比对前期基础信息调查表中“特征污染物”项，不一致的（含不包括或增加）项目应逐一阐明理由（重点关注 45 项基本项目以外的指标），原则上该理由主要从未包含测试项目的污染风险角度（污染物毒性、用量、渗漏可能性、相关环境质量标准、是否存在可靠的检测分析方法等）阐明	□是 □否	

2.3 分析测试	*测试项目的分析测试方法是否明确，测试方法检出限是否满足要求 要点说明：应采用表格形式列出实验室 CMA 或 CNAS 资质范围内具有的与该地块的测试项目相关的分析方法、检出限以及对应的测试项目评价标准。不同方法均满足要求的，可同时列出。原则上所选用的土壤和地下水分析测试方法检出限应分别低于风险管控标准的第一类用地筛选值和地下水质量标准的III类标准限值的 1/10	□是 □否	
	*检测实验室及外部质量控制实验室是否确定	□是 □否	
2.4 样品采集、保存和流转	土壤和地下水采样过程技术要求是否明确 要点说明：采样过程侧重考察如何去落实，对应于工作准备是否充分、工作流程是否清晰、人员安排分工是否明确，不同测试项目的样品采样技术操作要求是否明确	□是 □否	
	土壤和地下水测试项目分类及样品采集保存和流转安排是否明确 要点说明：本项侧重考察实施是否落地，应明确地块土壤和地下水样品采集、保存、流转与测试工作安排，具体应明确附表 4 中样品类型、测试项目分类名称、测试项目、分装容器及规格、保护剂、最少采样量、样品保存条件、样品运输方式、有效保存时间、检测和质量控制实验室等信息项	□是 □否	
2.5 现场安全防护	*是否结合具体地块情况，与企业（或地块使用权人，或相关管理部门）充分沟通，对采样的安全性进行了充分的风险识别，是否对可能的安全隐患提出了要采取的规避措施	□是 □否	
三、总体意见：□直接通过 □建议修改完善 □建议修改后重新组织专家审核			
其他意见：			
线上审核专家		审核日期	

填表说明：标注*项为重点审核项，存在超过 2 个*项为“否”或为“否”的项累计超过 5 项，选择“建议修改后重新组织专家审核”。

附表 B-6 采样质量控制检查记录表

□内审 □外审（级别： ）

地块名称： 地块编号： 采样单位： 采样组长：

检查时间： 检查人员： 联系方式：

序号	检查环节	检查项目	检查要点	检查方式	判定结果	检查样点编号及不合格原因
1	采样准备	布点方案	①布点方案通过评审，采样点进行过现场确认； ②布点方案满足技术规定的要求，布点区域筛选依据充分合理； ③布点位置确定依据基本合理，监测指标无明显遗漏	资料检查通过信息系统线上检查布点方案与专家评审意见，现场检查对照现场实际情况，检查布点区域、布点位置确定依据是否合理，监测指标有无明显遗漏	□合格 □不合格	
2	土孔钻探	采样点数量和位置	采样点数量和位置应与布点方案一致；若采样点位置存在调整，调整原因和调整后位置的依据应充分合理	资料检查通过"采样记录单"和现场照片，现场检查对照现场实际情况，检查采样点数量、位置及前期点位标记信息，检查点位调整原因及调整后位置的依据	□合格 □不合格	
		土孔钻探	①应使用非扰动钻探设备； ②钻孔深度应与布点方案的要求一致； ③岩芯应在整个钻探深度内保持基本完整、连续，可支撑土层性质、污染情况（颜色、气味、性状）辨识及现场快速检测筛选	资料检查通过"土壤钻孔采样记录单"和现场照片，现场检查对照现场实际情况，检查钻探设备、钻探深度、岩芯等	□合格 □不合格	
		交叉污染防控	①使用无浆液钻进方式； ②钻探过程中应全程套管跟进，防止钻孔坍塌； ③不同采样点间应清洗钻头、钻杆、套管及采样管（与样品无直接接触或使用一次性的除外）等	资料检查通过"土壤钻孔采样记录单"和现场照片，检查钻探设备及钻进方式，是否清洗了钻头、钻杆、套管及采样管（与样品无直接接触或使用一次性的除外）等；现场检查对照现场实际情况，检查钻探方式及方法，钻头、钻杆及采样管清洗要求的执行情况	□合格 □不合格	

序号	检查环节	检查项目	检查要点	检查方式	判定结果	检查样点编号及不合格原因
3	地下水采样井建设	采样井建设	滤水管位置、滤料层及止水层设置应满足布点方案及技术规定的要求	资料检查通过“成井记录单”和现场照片，现场检查对照现场实际情况，检查滤水管位置、滤料层及止水层设置与布点方案要求是否一致	□合格 □不合格	
		成井洗井	出水体积应达到 3 倍以上井水体积（含滤料孔隙体积）或水清砂净且参数稳定或浊度小于 50	资料检查通过“地下水采样井洗井记录单”和现场照片，现场检查对照现场实际情况，检查洗井出水体积或参数测定值或浊度测定值	□合格 □不合格	
		交叉污染防控	①建井所用井管、滤料及止水材料无污染情况； ②洗井前，充分清洗洗井设备和管线； ③使用贝勒管时，一井配一管	资料检查通过现场照片，检查是否清洗了设备和管线；现场检查对照现场实际情况，检查交叉污染防控情况	□合格 □不合格	
4	土壤样品采集与保存	采集深度	①每个采样点至少在 3 个深度采集土壤样品，若地下水埋深小于 3 m，至少采集 2 个样品； ②每一深度样品，应在通过颜色、性状等现场辨识出的存在污染痕迹或现场快速检测筛选出的污染相对较重的位置进行取样	资料检查通过“土壤钻孔采样记录单”和现场照片，现场检查对照现场实际情况，检查土壤样品采集深度是否经过现场辨识或现场快速检测筛选	□合格 □不合格	
		挥发性有机污染物（VOCs）样品采集	①使用非扰动采样器采集； ②样品采集后应置入加有甲醇保存剂（有依据表明样品属于低浓度 VOCs 污染的除外）的样品瓶中	资料检查通过现场照片，现场检查对照现场实际情况，检查样品采集方式，检查样品瓶内保存剂添加情况	□合格 □不合格	
		样品编码	①样品编码方式（含平行样）应满足技术规定要求； ②样品应进行二次编码	资料检查通过“样品保存检查记录单”和现场照片，现场检查对照现场实际情况，检查土壤样品编码与二次编码情况	□合格 □不合格	
		样品保存条件	①样品保存箱应具有保温功能，并内置冰冻蓝冰（或其他蓄冷剂）； ②样品采集后应立即存放至保存箱内	资料检查通过现场照片检查保存箱是否有蓄冷剂；现场检查对照现场实际情况，检查样品保存情况	□合格 □不合格	

序号	检查环节	检查项目	检查要点	检查方式	判定结果	检查样点编号及不合格原因
4	土壤样品采集与保存	样品检查	①已采集样品应与"样品保存检查记录单"一致并满足布点方案要求； ②样品重量或体积满足检测要求	资料检查通过"样品保存检查记录单"和现场照片检查"样品保存检查记录单"与布点方案的一致性；现场检查对照现场实际情况，检查已采样品、"样品保存检查记录单"、布点方案三者的一致性	□合格 □不合格	
5	地下水样品采集与保存	采样前洗井时间	成井洗井结束至少 24 h 后方可进行采样前洗井	资料检查通过现场照片显示的拍摄时间，现场检查对照现场实际情况，检查成井洗井与采样前洗井的时间间隔	□合格 □不合格	
		VOCs 样品采集采样前洗井方式	洗井不得使用反冲、气洗的方式	资料检查通过现场照片和"地下水采样洗井记录单"，现场检查对照现场实际情况，检查洗井方式	□合格 □不合格	
		洗井达标要求	洗井出水体积应达到 3～5 倍井水体积（含滤料孔隙体积）或现场测试参数满足技术规定要求。对于低渗透性地块难以完成洗井出水体积要求的，按照《地块土壤和地下水中挥发性有机物采样技术导则》（HJ 1019—2019）中"低渗透性含水层采样方法"要求执行	资料检查通过现场照片和"地下水采样洗井记录单"，现场检查对照现场实际情况，检查采样前洗井出水体积或参数测定值；对难以完成洗井出水体积要求的，检查是否按照《地块土壤和地下水中挥发性有机物采样技术导则》（HJ 1019—2019）要求	□合格 □不合格	
		交叉污染防控	同地下水采样井建设	同地下水采样井建设	□合格 □不合格	
		VOCs 样品采集	①样品采集应优先使用气囊泵、蠕动泵等低流量采样设备，条件不具备时可使用具有低流量调节阀的贝勒管； ②样品采集时，出水流速不超过 0.5 L/min； ③用于 VOCs 检测的样品瓶不存在顶空或气泡	资料检查通过现场照片和"地下水采样记录单"，现场检查对照现场实际情况，检查采样方式	□合格 □不合格	
		样品编码	同土壤样品编码	同土壤样品编码	□合格 □不合格	

序号	检查环节	检查项目	检查要点	检查方式	判定结果	检查样点编号及不合格原因
5	地下水样品采集与保存	样品保存条件	①用于检测 VOCs 的样品保存箱应具有保温功能，并内置冰冻蓝冰（或其他蓄冷剂），样品采集后应立即存放至保存箱内； ②用于其他指标检测的样品应按要求添加相应的保存剂，并按要求保存	资料检查通过“样品保存检查记录单”和现场照片保存箱是否有蓄冷剂；现场检查对照现场实际情况，检查样品的保存剂添加情况及其他保存条件	□合格 □不合格	
		样品检查	同土壤样品检查	同土壤样品检查	□合格 □不合格	
6	样品运送与接收	样品运送	①时效性：检查时，应满足相应检测指标的测试周期要求； ②保存条件：样品保存条件（包括温度、气泡及保护剂等）应满足全部送检样品要求； ③样品包装容器：样品包装容器应无破损，封装完好； ④标签：样品包装容器标签应完整、清晰、可辨识，标签上的样品编码应与运送单完全一致； ⑤“样品运送单”中除“特别说明”和“样品接收”外的标*项应填写完整、规范，且与实际情况一致	资料检查通过“样品运送单”与现场照片，检查样品时效性和保存条件、样品包装容器、标签；现场检查对照现场实际情况，检查“样品运送单”所记录全部内容是否与实际情况一致并满足全部检查要点要求	□合格 □不合格	
		样品接收	同样品运送①～④，“样品运送单”中标*项应填写完整、规范，且与实际情况一致	资料检查通过检查“样品运送单”中“特别说明”和“样品接收”是否填写完整、规范，由接样单位签收	□合格 □不合格	

填表说明：①质量检查以环节为单位，应填写所检查环节的全部检查项目判定结果；②“现场照片”指该检查环节现场工作情景照片，采样工作组应对照检查要点、检查方式进行拍照，并充分反映相关工作内容；当照片无法支撑相关环节的判定时，质量检查人员可判定该环节为不合格；③不满足任一检查要点要求则判定为不合格，否则为合格。

附表 B-7　检测实验室检查记录表

检测实验室名称：________________

<table>
<tr><th colspan="2">检查项目</th><th>检查要点</th><th>检查结果</th><th>检查记录及建议</th></tr>
<tr><td colspan="2" rowspan="3">1. 检测实验室资质与能力</td><td>检测实验室是否存在非CMA资质认定项目（重点关注前处理方法标准与分析方法标准是否一起申请资质认定）</td><td>□是
□否</td><td></td></tr>
<tr><td>检测实验室与其承担的任务量是否匹配（检查其人力、设备和检测能力等要素）</td><td>□是
□否</td><td></td></tr>
<tr><td>检测实验室是否存在分包项目以及分包是否符合要求</td><td>□是
□否</td><td></td></tr>
<tr><td colspan="2" rowspan="4">2. 分析测试方法选择与确认/验证</td><td>所用分析方法是否满足要求。分析方法原则上优先选择《土壤环境质量　建设用地土壤污染风险管控标准（试行）》（GB 36600—2018）或《地下水质量标准》（GB/T 14848—2017）推荐的分析方法，对于GB 36600和GB/T 14848中未给出推荐方法的，可选用检验检测机构资质认定范围内的国际标准、区域标准、国家标准及行业标准方法</td><td>□是
□否</td><td></td></tr>
<tr><td>选用的土壤样品分析方法检出限是否全部低于《土壤环境质量　建设用地土壤污染风险管控标准（试行）》（GB 36600—2018）第一类用地筛选值要求或相关评价标准限值要求</td><td>□是
□否</td><td></td></tr>
<tr><td>选用的地下水样品分析方法检出限是否全部低于《地下水质量标准》（GB/T 14848—2017）地下水质量指标III类限值要求或相关评价标准限值要求</td><td>□是
□否</td><td></td></tr>
<tr><td>在开展样品分析测试任务之前是否已对所选用分析测试方法进行了确认/验证并形成相关质量记录（重点审核VOCs、苯胺、石油烃等）</td><td>□是
□否</td><td></td></tr>
<tr><td rowspan="2">3. 实验室内部质量控制</td><td>样品流转</td><td>检测实验室在接收详查样品时是否发现过有严重质量问题的样品（如是，需追溯采样单位是否重新采集了样品）</td><td>□是
□否</td><td></td></tr>
<tr><td>样品保存</td><td>详查样品保存条件是否符合分析方法标准或相关技术规定的要求（重点关注样品保存环境、保存容器、标签材质和标签信息填写等）</td><td>□是
□否</td><td></td></tr>
</table>

检查项目		检查要点	检查结果	检查记录及建议
3. 实验室内部质量控制	样品保存	详查样品保存是否存在交叉污染现象或风险	□是 □否	
		检测实验室是否存在检测超过保存期限样品的情况（可通过检查样品流转单与样品起始分析时间判定）	□是 □否	
	土壤样品制备（主要针对重金属和无机物）	土壤样品风干和研磨加工场所是否进行有效物理隔离	□是 □否	
		土壤无机项目测试样品取样是否经过充分混匀过程	□是 □否	
		制备不同土壤样品时制样工具是否经过充分清洗以避免交叉污染风险	□是 □否	
		土壤样品制样记录是否清晰可追溯	□是 □否	
	样品分析测试	VOCs 样品和 SVOCs 样品分析场所（包括前处理和仪器分析）是否有效隔离	□是 □否	
		样品分析使用仪器设备是否满足技术要求（重点关注设备检定证书和使用记录）	□是 □否	
		空白样、统一监控样、平行样、标准物质样/加标回收样等内部质量控制样品是否与详查样品同步进行分析测试（重点关注样品加标回收是否在样品前处理之前加标）	□是 □否	
		空白样、统一监控样、平行样、标准物质样/加标回收样等内部质量控制样品插入比例及结果评价是否均满足分析方法标准或《质量控制技术规定》的要求	□是 □否	
		详查样品分析测试上报数据与实验室留存原始分析数据是否保持一致	□是 □否	
		上报的内部质量控制报告数据与实验室留存内部质量控制原始分析数据是否保持一致	□是 □否	查报告份数：________ 不一致份数：________
4. 实验室外部质量控制	能力验证	是否参加国家组织能力验证活动	□是 □否	参加能力验证项目： ________________
		当能力验证结果为有问题或不满意时，是否按照相关规定进行整改（若选“是”，请记录整改措施）	□是 □否	能力验证不合格项目： ________________
	密码平行样	是否对存在问题的密码平行样分析批次进行整改（若选“是”，请记录整改措施）	□是 □否	

检查项目		检查要点	检查结果	检查记录及建议
4. 实验室外部质量控制	留样复测	是否进行过留样复测	□是 □否	
	飞行检查	是否被飞行检查过	□是 □否	
5. 数据审核与上报		上报数据是否按照实验室质量管理体系的要求进行了审核	□是 □否	
		是否熟悉详查数据信息上报流程	□是 □否	
		详查样品分析测试数据上报是否存在错报、漏报现象	□是 □否	
		详查样品分析测试数据和质量控制数据等是否及时向详查信息系统报送	□是 □否	

参考文献

[1] 中华人民共和国国家质量监督检验检疫总局，中国国家标准化管理委员会. 质量管理体系基础和术语：GB/T 19000—2016/ISO 9000：2015[S]. 北京：中国标准出版社，2016.

[2] 环境保护部. 环境监测质量管理技术导则：HJ 630—2011[S]. 北京：中国环境科学出版社，2011.

[3] Geological Survey of Norway. EuroGeoSurveys Geochemical mapping of agricultural and grazing land soil of Europe（GEMAS）-Field manual[R]. 2008.

[4] Geological Survey of Norway. The EuroGeoSurveys Geochemical mapping of agricultural and grazing land soil of Europe（GEMAS）-Evaluation of quality control results of aqua regia extraction analysis[R]. 2009.

[5] Geological Survey of Norway. The EuroGeoSurveys geochemical mapping of agricultural and grazing land soils project（GEMAS）-Evaluation of quality control results of total C and S，total organic carbon（TOC），cation exchange capacity（CEC），XRF，pH，and particle size distribution（PSD）analysis[R]. 2011.

[6] Geological Survey of Norway. The EuroGeoSurveys geochemical mapping of agricultural and grazing land soils project（GEMAS）- Evaluation of quality control results of particle size estimation by MIR prediction，Pb-isotope and MMI®-extraction analysis and results of the GEMAS ring test for the standards Ap and Gr[R]. 2012.

[7] P. de Caritat，M. Cooper. A continental-scale geochemical atlas for resource exploration and environmental management：the National Geochemical Survey of Australia[J]. Geochemistry：Exploration，Environment，Analysis. 2016，16（1）：3-13.

[8] Geoscience Australia. National Geochemical Survey of Australia：Field Manual[R]. 2007.

[9] Geoscience Australia. National Geochemical Survey of Australia：The Geochemical Atlas of Australia[R]. 2011.

[10] Geochemical Atlas of Europe，http：//weppi.gtk.fi/publ/foregsatlas/index.php.

[11] Geoscience Australia. National Geochemical Survey of Australia：Data Quality Assessment[R]. 2011.

[12] U.S. Geological Survey. Geochemical and Mineralogical Data for Soils of the Conterminous United

States[R]. 2013.

[13] Centre for Ecology & Hydrology. Countryside Survey：Soils Report from 2007[R]. 2010.

[14] Luis Rodríguez Lado，Tomislav Hengl，Hannes I. Reuter. Heavy metals in European soils：A geostatistical analysis of the FOREGS Geochemical database[J]. Geoderma，2008，148（2）：189-199.

[15] Dvid B. Smith，Laurel G. Woodruff，et al. Pilot studies for the North American Soil Geochemical Landscapes Project—Site selection，sampling protocols，analytical methods and quality control protocols，Applied Geochemistry[J]. 24（2009）1357-1368.

[16] U.S. Environmental Protection Agency. Quality Assurance for Superfund Environmental Data Collection Activities[R]. 1993.

[17] 生态环境部. 建设用地土壤污染风险管控和修复监测技术导则：HJ 25.2—2019[S]. 北京：中国环境出版集团，2019.

[18] 生态环境部，自然资源部，农业农村部. 全国农用地土壤污染状况详查质量保证与质量控制报告[R]. 2019.

[19] 环境保护部，国土资源部. 全国土壤污染状况调查质量控制与质量保证专题报告[R]. 2012.

[20] 国土资源部. 多目标区域地球化学调查规范（1∶250 000）DZ/T 0258—2014[S]. 北京：中国标准出版社，2015.

[21] 农业部环境监测总站. 农产品产地土壤重金属污染防治普查全程质量控制实施方案[Z]. 农环监〔2012〕15 号.

[22] 中国环境监测总站. 关于印发《土壤样品采集技术规定》等四项技术规定的通知[Z]. 总站土字〔2018〕407 号.

[23] 中国环境监测总站. 关于印发《2019 年国家网土壤环境监测工作技术要求》的通知[Z]. 总站土字〔2019〕84 号.

[24] 中国环境监测总站. 国家土壤环境监测网质量体系文件[M]. 北京：中国环境出版集团，2018.

[25] 国家环境保护总局. 土壤环境监测技术规范：HJ/T 166—2004[S]. 北京：中国环境科学出版社，2004.

[26] 农业农村部. 农田土壤环境质量监测技术规范：NY/T 395—2012[S]. 北京：中国农业出版社，2012.

[27] 生态环境部. 地下水环境监测技术规范：HJ/T 164—2020[S]. 北京：中国环境出版集团，2020.

[28] 国家环境保护总局. 地表水和污水监测技术规范：HJ/T 91—2002[S]. 北京：中国环境科学出版社，2002.

[29] 环境保护部. 水质采样　样品的保存和管理技术规定：HJ 493—2009[S]. 北京：中国环境科学出版社，2009.

[30] 中国国家认证认可监督管理委员会. 检验检测机构资质认定能力评价　检验检测机构通用要求：

RB/T 214—2017[S]. 北京：中国标准出版社，2018.

[31] 中华人民共和国国家质量监督检验检疫总局，中国国家标准化管理委员会. 检测和校准实验室能力的通用要求：GB/T 27025—2019[S]. 北京：中国标准出版社，2019.

[32] 生态环境部. 环境监测分析方法标准制订技术导则：HJ 168—2020[S]. 北京：中国环境出版集团，2020.

[33] 中华人民共和国国家质量监督检验检疫总局，中国国家标准化管理委员会. 合格评定　化学分析方法确认和验证指南：GB/T 27417—2017[S]. 北京：中国标准出版社，2017.

[34] 中华人民共和国国家质量监督检验检疫总局. 测量不确定度评定与表示：JJF 1059.1—2012[S]. 北京：中国质检出版社，2012.

[35] 中华人民共和国国家质量监督检验检疫总局，中国国家标准化管理委员会. 合格评定　能力验证的通用要求：GB/T 27043—2012[S]. 北京：中国标准出版社，2013.

[36] 中国合格评定国家认可委员会. 能力验证的选择核查与利用指南：CNAS-GL032：2018[S]. 北京：2018.

[37] 生态环境部，国家市场监督管理总局. 土壤环境质量　农用地土壤污染风险管控标准（试行）：GB 15618—2018[S]. 北京：中国环境出版集团，2018.

[38] 中华人民共和国国家卫生健康委员会，国家市场监督管理总局. 食品安全国家标准　食品中污染物限量：GB 2762—2017[S]. 北京：中国标准出版社，2017.

[39] 生态环境部，国家市场监督管理总局. 土壤环境质量　建设用地土壤污染风险管控标准（试行）：GB 36600—2018[S]. 北京：中国环境出版集团，2018.

[40] 中华人民共和国国家质量监督检验检疫总局，中国国家标准化管理委员会. 地下水质量标准：GB/T 14848—2017[S]. 北京：中国标准出版社，2017.

[41] 国家质量监督检验检疫总局. 标准物质定值的通用原则及统计学原理：JJF 1343—2012[S]. 北京：中国质检出版社，2012.

[42] 中国环境监测总站. 土壤环境监测技术要点分析[M]. 北京：中国环境出版集团，2017.

[43] 中国环境监测总站. 土壤环境监测技术要点分析（第二辑）[M]. 北京：中国环境出版集团，2020.

[44] 国家质量监督检验检疫总局. 通用计量术语及定义：JJF 1001—2011[S]. 北京：中国质检出版社，2012.